高等学校土木工程专业通用教材

DIXINGTU CEHUI SHIXI ZHIDAO

地形图测绘实习指导

（第2版）

主　编◎程晓杰　朱　怿

副主编◎林志森　赵　平　王　青

合肥工业大学出版社

书　名　地形图测绘实习指导(第2版)
主　编　程晓杰　朱　怿
责任编辑　陈淮民
封面设计　诚邦视觉设计

出　版　合肥工业大学出版社
地　址　合肥市屯溪路193号(230009)
电　话　总编室　0551-62903038
　　　　发行部　0551-62903198
网　址　www.hfutpress.com.cn
版　次　2007年8月第1版　2012年5月第2版
印　次　2021年8月第8次印刷
开　本　787毫米×1092毫米　1/16
印　张　9
字　数　198千字
书　号　ISBN 978-7-5650-0619-7
定　价　18.00元
印　刷　安徽昶颉包装印务有限责任公司
发　行　全国新华书店

图书在版编目(CIP)数据

地形图测绘实习指导(第2版)/程晓杰主编.—合肥:合肥工业大学出版社,2011.11(2021.8重印)

ISBN 978-7-5650-0619-7

Ⅰ.①地…　Ⅱ.①程…　Ⅲ.①地形图—测绘—教育实习—高等学校—教学参考资料　Ⅳ.①P217-45

中国版本图书馆CIP数据核字(2011)第227949号

前　言

（第2版）

本教材自2007年8月出版发行以来，得到国内许多高校土木工程专业师生的欢迎。通过近年来的教学实践，使我们对教材建设又有了进一步的认识和体会，第2版近一步体现了本书的先进性和现实性。

《地形图测绘实习指导》是编者依据高等学校土建学科教学指导委员会土木工程专业指导委员会制定的培养目标、培养方案的教学基本要求，并综合考虑了其他非测绘专业的教育标准和培养方案而编写的。

本教材的特点是没有烦琐的理论阐述，力求简明扼要，突出实用性。主要介绍实习方式、实习手段和实习报告书的填写。通过实践，使学生系统地掌握各种常用测量仪器的使用，巩固课堂所学知识，提高在实际工作中分析问题和解决问题的能力。本书可作为非测绘专业《工程测量学》的配套教材。书后附有一份《测量总实习报告书》，可供学生在测量实习中直接使用。学生填写报告书完成后将其装订成册，交实习指导教师评阅。

本书由程晓杰和朱怿担任主编。正文部分由程晓杰编写，其他部分参编人员有：朱怿、林志森、赵平、王青、张克林、夏开旺、张超、贾莉莉。参编单位有安徽建筑工业学院、浙江工业大学、福州大学、铜陵学院、合肥学院。全书由安徽建筑工业学院吴德义教授主审。

本教材在编写过程中得到了作者所在院校的大力支持，吴德义教授为本书作了主审工作，合肥工业大学出版社在对书稿的编辑、校对、照排等方面付出了大量的心血。在此一并向他们致以衷心的感谢！

限于水平，尽管我们作了很大努力，书中难免仍然存在一些缺点和问题，欢迎广大读者使用后批评指正。

编　者

2012年3月

目 录

0 绪 论

0.1 实习概述

《工程测量》是土木工程类专业一门重要的专业基础课，课程的实践性和技术性都很强。地形图测绘实习是土木工程类等专业的学生掌握《工程测量》课程必不可少的教学环节，该实习可以让学生更好地掌握测量的基本原理和方法。因此，课堂理论教学和实验教学结束后，一般都集中安排为期两周左右的总实习。

测量总实习的主要任务是测绘大比例尺地形图。选择实习地点有如下三种形式：一是按“就地就近”原则以校内为实习基地的形式；二是有校外测量实习基地的学校，在该基地选择一处合适的地形区域作为实习场地的形式；三是结合某项生产任务完成实习的形式。

测量实习的施测范围一般宜为200m×200m，比例尺为1∶500或1∶1000。

地形图测绘主要包括控制测量和碎部测量两部分。测量工作应遵循“先控制后碎部”的原则。控制测量外业工作的主要内容有查勘选点、测定点的高程、测定导线边的长度、水平角观测、测定方位角或连接角和边。控制测量的另一部分工作就是内业计算。碎部测量常用经纬仪测绘法，测定碎部点（地形特征点）的平面位置和高程。

具体实习内容如下：

1. 实习动员

(1)参加动员会，熟悉实习任务。

(2)认真阅读《测量总实习任务书》和《测绘实习报告书》。

(3)班长提交分组名单，各小组领取测量仪器和工具。

2. 检查仪器和附件

(1)仪器检查

① 仪器应表面无碰伤，盖板及部件结合整齐，密封性好。

② 仪器与三脚架连接稳固无松动。

③ 仪器转动灵活，制动、微动螺旋工作良好。

④ 水准器状态良好。

⑤ 望远镜对光清晰、目镜调焦螺旋使用正常。

⑥ 读数窗成像清晰。

全站仪等电子仪器除上述检查外，还需检查操作键盘的按键功能是否正常，反应是否灵敏，信号及信息显示是否清晰、完整，功能是否正常等。

(2)三脚架检查

① 三脚架是否伸缩灵活自如。

② 脚架紧固螺旋功能正常。

(3)水准尺检查

① 水准尺尺身平直。

② 水准尺尺面分划清晰。

(4)反射棱镜检查

① 反射棱镜镜面完整无裂痕。

② 反射棱镜与安装设备配套。

3. 高程控制

(1)准备:水准仪检校。

(2)外业:拟定布网方案、踏勘、选点、油漆标点或打桩设立标志,进行水准测量。

(3)内业:检查记录、调整闭合差,水准测量成果整理。

(4)资料:每人均应填写水准测量成果计算表。

4. 平面控制

(1)准备:仪器的检验与校正。

(2)外业:根据标志点号、进行角度观测和距离测量、定向。

(3)内业:检查和整理、图根闭合导线点坐标计算等。

(4)资料:每人均应交绘制方格网和导线点的展点图。

5. 碎部测量

(1)准备:准备绘图板和相关用品、检校经纬仪(竖直部分及视距常数)。

(2)外业:视测区情况加密控制点,测绘地形。

(3)内业:检查碎部点、整饰地形图。

(4)资料:地形成果图。

6. 实习成果

(1)各小组绘一张大比例尺地形图。

(2)每人交一份《测量总实习报告书》

(3)小组考勤记录表。

7. 归还仪器

擦拭仪器和工具,完整装箱。交还实验室,消除借领手续。

8. 成绩评定

根据小组提交的地形图和各位学生提交的《测量总实习报告书》、在实习期间的表现、实习纪律以及爱护测量仪器等情况综合评定成绩。建议采用百分制(百分制评定方法如表 0-1 所示),也可按优、良、中、及格、不及格 5 级评定成绩。

表 0-1 评定成绩表

项 目	满 分
实习综合表现	10 分
仪器检验与校正	5 分
水准测量	15 分

(续表 0-1)

项　　目	满　　分
角度测量	10 分
距离测量	10 分
图根闭合导线点坐标计算	10 分
方格网绘制与控制点展绘	10 分
地形图测绘与整饰等	20 分
实习总结	10 分
总分	100 分

0.2　基础知识

1. 测量学内容

测量学的内容包括测定和测设两个部分。测定是指使用测量仪器和工具，通过测量和计算，得到一系列测量数据，或把地球表面的地形缩绘成地形图。测设是指把图纸上规划设计好的建筑物、构筑物的位置在地面上标定出来，作为施工的依据。

2. 我国的大地原点

我国的大地原点位于陕西省泾阳县永乐镇北洪流村，是全国天文大地网整体平差时确定的。它是“1980 西安坐标系”大地坐标的起算点。如图 0-1。

(a)

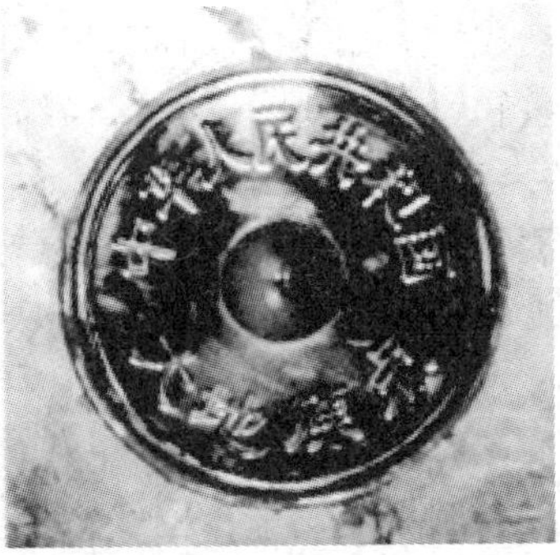

(b)

图 0-1　位于陕西的国家大地原点

3. 我国的水准原点

我国的水准原点位于青岛观象山。它由 1 个原点 5 个附点构成水准原点网。在“1985 国家高程基准”中水准原点的高程为 72.2604m。这是根据青岛验潮站 1985 年以前的潮汐资料推求的平均海面为零点的起算高程，是国家高程控制的起算点。见图 0-2。

(a)

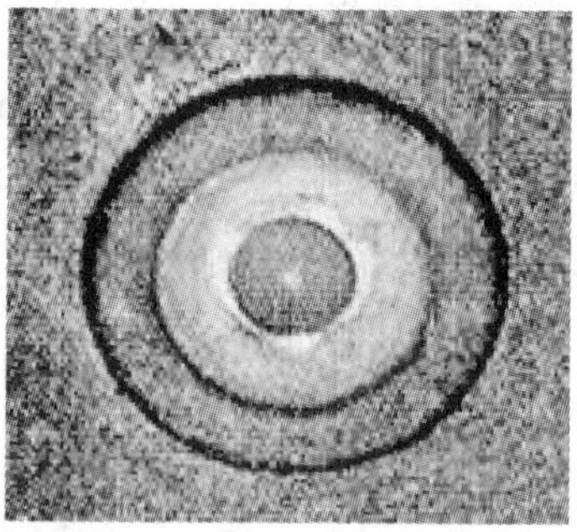

(b)

图 0-2　位于青岛的国家水准原点

4. 工程测量

指在工程建设勘测设计、施工和管理阶段所进行的各种测量工作。

按工作顺序和性质分为：勘测设计阶段的控制测量和地形测量；施工阶段的施工测量和设备安装测量；管理阶段的变形观测和维修养护测量。

按工程建设的对象分为：建筑、水利、铁路、公路、桥梁、隧道、矿山、城市和国防等工程测量。

5. 地图比例尺

是指地图上某一线段的长度与地面上相应线段水平距离之比。例如比例尺为 1∶10000，就是说地图上 1cm，相当于实地距离 100m 的距离。地图比例尺有大小之别。同一个地理事物在地图上表示得越大，则地图的比例尺就越大。

6. 地图符号

地图符号是表达地图内容的基本手段，它由形状不同、大小不一、色彩有别的图形和文字组成。利用点、线、面的组合，可以形象地表示地形、河流、湖泊、交通线、城镇等有形事物，也可以表示境界、经纬线、等温线等无形现象。

7. 准确度与精密度

任何测量都要求精确。精确性是评价观测成果优劣的准确度与精密度的总称。

准确度是指在对某一个量的多次观测中，观测值对该量真值的偏离程度，观测值偏离真值愈小，则准确度愈高。

精密度简称精度，指在某一个量的多次观测中，各观测值之间的离散程度，若观测值非常集中则精度高；反之则低。一个观测列可能精度高而准确度低，也可能精度低而准确度高。例如打靶，如果弹着点分布很松散，射击精密度就低，如弹着点密集在一起，则射击精度高。在射击精密度高的情况下，若弹着点密集于靶子中心部分，则准确度也高。射击的优劣视其射击精确性如何。测量结果也要求精确性好。

8. 测量平差

由于测量仪器的精度不完善、人为因素以及外界条件的影响等，测量误差总是不可避免的。测量平差是用最小二乘法原理处理各种测量结果的理论和计算方法。测量平差目的就在于消除这些观测值间的矛盾，而求得最可靠结果和评定测量结果的精度。

9. **测量规范**

测量规范是国家相关部门制定的测量工作立法性技术文件，是测绘工作者必须遵循的基本依据。

0.3 测绘常用术语

1. **测绘**

测绘是测量和制图的总称。测绘科学广泛应用于国家经济建设、国防建设和科学研究。测量就是获取反映地球形状，地球重力场，地球上自然和社会要素的位置、形状、空间关系、区域空间结构的数据。制图是将这些数据经处理、分析或综合后加以表达和利用的一种形式。

2. **高程**

指地面点至高程基准面的垂直距离，一般由各类平均海水面起算的地面点的高度。不同的基准面有不同的高程系统。由平均海水面起算的地面点的高度又称海拔或绝对高程。

3. **高程系**

由高程基准面起算的地面点的高度称为高程。通常一个国家只采用一个平均海水面作为统一的高程基准面，由此高程基准面建立的高程系统称为国家高程系，否则称为地方高程系。1985 年前，我国采用“1956 年黄海高程系”(以 1950～1956 年青岛验潮站测定的平均海水面作为高程基准面)；1985 年开始启用“1985 国家高程基准”(以 1952～1979 年青岛验潮站测定的平均海水面作为高程基准面)。

4. **测站**

在实地测量时设置仪器的地点。

5. **测量标志**

在地面上标定测量控制点位置的标石、觇标和其他标记的总称。

6. **方位角**

从某点的指北方向线起，依顺时针方向到目标方向线之间的水平夹角，叫方位角。

7. **方向角**

以一特定方向起始按顺时针所量得某方向线的水平角。地图投影中，一般以某一主方向为起始方向。

8. **垂直角**

垂直角也称高度角，是同一竖直面内视线与水平线间的夹角。视线在水平面以上为仰角；视线在水平面以下为俯角。

9. **坐标**

确定位置关系的数据值集合。

10. **坐标变换**

采用一定的数学方法将一种坐标系的坐标变换为另一种坐标系的坐标的过程。

11. 高斯平面直角坐标系

用直角坐标原理在投影面上确定地面点平面位置的坐标系。与数学上的直角坐标系不同的是，它的竖轴为 X 轴，横轴为 Y 轴。在投影面上，由投影带中央经线的投影为纵轴（X 轴）、赤道投影为横轴（Y 轴）以及它们的交点为原点的直角坐标系称为高斯平面直角坐标系。

12. 独立平面直角坐标系

任意选定原点和坐标轴的直角坐标系。

13. 坐标格网

按一定纵横坐标间距，在地图上划分的格网。

14. 水准面

处处与重力方向线垂直的连续曲面。是一个重力场的等位面。

15. 水平面

与水准面相切的平面。

16. 高差

高程的基准面两个地面点之间的高程差。

17. 等高线

地图上地面高程相等的相邻点所连成的曲线在平面上的投影。

18. 地貌

地球表面起伏形态的统称。

19. 地图

按一定的数学法则，使用符号系统、文字注记，以图解的、数字的或触觉的形式表示自然地理、人文地理各种要素的载体。

20. 地物

地球表面上的各种固定性物体，可分自然地物和人工地物。

21. 地形

地貌和地物的总称。

22. 平面图

在小范围内只表示地物要素及其平面位置而不表示起伏形态的地图。

23. 图例

图上适当位置印出图内所使用的图式符号及其说明。

第1章

地形图测绘实习一般要求

[本章导读]

地形图测绘实习是测量学教学的一个重要组成部分，是培养学生动手能力和解决实际问题能力最有效的方法。为保证测量实习的顺利完成，每位同学应事先熟悉和了解总实习的一般要求。本章主要介绍了地形图测绘实习的纪律与规定、测量仪器的借领与使用规定以及测量实习数据记录与处理。

[知识目标]

1. 熟悉本章介绍的各种测量仪器的使用规则。
2. 熟练掌握外业观测成果和内业数据处理的依据和计算规则。

[能力目标]

熟练掌握测量仪器的借领、安置、使用、搬运等相关规定。

[重点难点]

测量实习报告的填写必须严肃认真一丝不苟，务必严格遵守测量记录与计算准则。

地形图测绘实习是整个测量学教学的一个重要组成部分，是贯彻理论联系实际原则和工程技术人员进行基本训练所不可缺少的教学环节，是使高校学生获得感性认识、培养动手能力和解决实际问题能力最有效的方法。因此，每位同学均应对测量实习予以充分重视，应事先熟悉和了解总实习的一般要求，以保证实验教学任务的顺利完成。

1.1. 实习纪律与规定

1. 实习纪律

（1）严格遵守学校学生手册中有关规定，树立严肃认真的学习态度。

（2）搞好小组内同学之间的团结和协作。

（3）加强组织性和纪律性，在实习过程当中不允许嬉闹，以免碰坏仪器。

（4）每位同学必须认真参加所有的实习阶段，出测和收测时要步调一致，不得无故缺席。

（5）对所领的仪器应该精心照料、分工负责。对违章操作和保管不当造成损坏或遗失，按照相关制度应该由损坏或遗失人和小组负责赔偿。

（6）在室外作业时，来往车辆和行人比较多，应注意人身和仪器安全。遇到特殊情况时，应及时由组长向指导教师汇报。

2. 实习规定

（1）总实习之前，每位同学首先复习教材中的有关内容，认真仔细地阅读《测量总实习任务书》和《测量总实习报告书》，以便明确目的，了解任务，熟悉实习步骤、实习过程以及有关注意事项，并准备好所需文具用品。

（2）实习分小组进行，凭学生证办理所用仪器的借领和归还手续。

（3）实习应在指导教师和组长安排的时间进行，不得无故缺席或者迟到早退；实习应在指定的场地进行，不得擅自改变地点或离开现场，组长负责具体组织协调工作。

（4）严格按照实习任务书的要求，认真、按时、按量完成任务。每项实习，都应取得合格的成果，提交书写工整规范的总实习报告书，经指导教师审阅后，才可结束本次测量总实习。

（5）在实习中，必须遵守社会公德，爱护周围的各种公共设施，爱护现场的花草和树木，不得踩踏、砍折。

1.2 测量仪器借领与使用规定

测量仪器多为精密、贵重仪器。正确使用、精心爱护和科学保养测量仪器，是测量人员必须具备的素质和应该掌握的技能。保证仪器安全、延长使用寿命和保持仪器精度，这是保证测量成果质量、提高测量工作效率的必要条件。因此，在仪器工具的借领与使用中，必须严格遵守如下相关规定：

1. 仪器的借领

（1）以小组为单位领取仪器。每小组 4～6 人，设小组长 1 人。

(2)借领时应该当场清点检查。仪器及其附件是否齐全，背带及提手是否牢固，脚架是否完好等。如有缺损，可以补领或调换。

(3)离开借领地点之前，必须锁好仪器箱并捆扎好所借仪器；搬运仪器时必须轻取轻放，避免剧烈震动。

(4)借出仪器之后，不得与其他小组擅自调换或转借。

(5)实习结束后，应该及时收装仪器，送还借领处检查验收，消除借领手续。如有遗失或损坏，应写出书面报告说明情况，并按有关规定给予处理。

2. 仪器的安置

(1)在三脚架安置稳妥后，方可打开仪器箱。开箱前应将仪器箱放在平稳处，严禁托在手上。

(2)打开仪器箱后，要看清并记住仪器在箱中的安放位置，避免用后装箱困难。

(3)提取仪器之前，应先松开制动螺旋，再用双手握住支架或基座轻轻取出仪器，放在三脚架上。一手握住仪器，一手去拧连接螺旋，最后旋紧连接螺旋使仪器与脚架连接牢固。

(4)装好仪器后，注意随即关闭仪器箱盖，防止灰尘和湿气进入箱内。严禁坐在仪器箱上。

3. 仪器的使用

(1)仪器安置后，不论是否操作，必须有人看护，防止无关人员搬弄或行人车辆碰撞。

(2)在打开物镜时或在观测过程中，如发现灰尘，可用镜头纸或软毛刷轻轻拂去，严禁用手指或手帕等物品擦拭镜头，以免损坏镜头上的镀膜。观测结束后应及时套好镜盖。

(3)拧动仪器各部螺旋，要用力适当，不得过紧。转动仪器时，应先松开制动螺旋，再平稳转动；使用微动螺旋时，应先旋紧制动螺旋；未松开制动螺旋时，不得转动仪器或望远镜；微动螺旋不要转至尽头，以防失灵。

(4)制动螺旋应松紧适度，微动螺旋和脚螺旋不要旋到顶端，使用各种螺旋都应均匀用力，以免损伤螺纹。

(5)在仪器发生故障时，如发现仪器转动不灵，或有异样声音，应立即停止工作并对仪器进行检查，同时及时报告指导教师，不得擅自处理。

(6)在仪器操作过程中，不得将两腿跨在脚架腿上，也不能将双手压在仪器或仪器脚架上。

4. 仪器的搬运

(1)在行走不便的地区迁站或远距离迁站时，必须将仪器装箱后再搬迁。

(2)短距离迁站时，可将仪器连同脚架一起搬迁，其方法是：先取下垂球，检查并旋紧仪器连接螺旋，松开各制动螺旋使仪器保持初始位置经纬仪望远镜物镜对向度盘中心，水准仪物镜向后；再收拢三脚架，左手握住仪器基座或支架放在胸前，右手抱住脚架放在肋下，稳步行走。严禁斜扛仪器，以防碰摔。

(3)搬迁时，小组其他人员应协助观测员带走仪器箱和有关工具。

5. 仪器的装箱

(1)每次使用仪器后，应及时清除仪器上的灰尘及脚架上的泥土。

(2)仪器拆卸时,应先将仪器脚螺旋调至大致同高的位置,再一手扶住仪器,一手松开连接螺旋,双手取下仪器。

(3)仪器装箱时,应先松开各制动螺旋,使仪器就位正确,试关箱盖确认妥当后,再关箱上锁。若箱口合不上,切不可强压箱盖,以防压坏仪器。

(4)清点所有部件和仪器,防止遗失。

6. 光电测距仪及全站仪使用规则

(1) 光电测距仪及全站仪为特殊贵重仪器,在使用时必须有专人负责。

(2)仪器应严格防潮、防尘、防震,雨天及大风沙时不得使用。长途搬运时,必须将仪器装入减震箱内,且由专人护送。

(3)工作过程中搬移测站时,仪器必须卸下装箱,或装入专用背架,不得装在脚架上搬动。

(4)仪器的光学部分及反光镜严禁手摸,且不得用粗糙物品擦拭。如有灰尘,宜用软毛刷刷净;如有油污,可用脱脂棉蘸酒精、乙醚混合液擦拭。

(5)仪器不用时,宜放在通气、干燥而且安全的地方。如果在野外沾水,应立即擦净、晾干,再装入箱内。

(6)仪器在强阳光下使用时必须打伞,防止曝晒,以免影响仪器性能。

(7)发射及接收物镜严禁对准太阳,以免将管件烧坏。

(8)需充电使用的仪器,电池应定时充电,以防元件受潮,但充电不宜过量,以免损坏电池。

(9)使用仪器时,操作按钮及开关,不要用力过大。

(10)使用仪器之前,应检查电池电压及仪器的各种工作状态,看是否正常,如发现异常,应立即报告指导教师,不得继续使用,更不得随意动手拆修。

7. 其他测量仪器的使用

(1)钢尺的使用,应防止扭曲、打结和折断,防止行人踩踏或车辆碾压;尽量避免尺身碰到水。携尺前进时,应将尺身提起,不得沿地面拖行,以防损坏刻划。用完钢尺,应该擦干净,以防生锈。

(2)皮尺的使用,应均匀用力拉伸,避免碰到水、车压。如果皮尺受潮,应及时晾干。

(3)各种标尺、花杆的使用,应注意防水防潮、防止受横向压力,不能磨损尺面刻划和漆皮,不用时安放稳妥。

(4)所有的仪器如垂球、标尺、尺垫等的使用,应用完即收,防止遗失。

(5)所有的测量仪器都应保持清洁,专人保管搬运,不能随意放置,更不能作为捆扎、抬担的用具。

1.3 测量记录与计算规则

测量实习报告是外业观测成果的记录和内业数据处理的依据。在测量实习报告上记录或计算时,必须严肃认真一丝不苟,严格遵守下列规则:

(1)在《测量总实习报告书》填写之前,应准备好硬性铅笔(2H 或 3H),同时熟悉表上各项内容及填写、计算方法。

(2)记录观测数据之前,应将表头的仪器型号、编号、日期、天气、测站、观测者及记录者姓名等逐一填写齐全。

(3)观测者读数后,记录者应随即在测量实习报告上的相应栏内填写,并复诵回报以便检核。

(4)记录时要求字体端正清晰、数位对齐、数字齐全。字体的大小一般占格宽的1/2～1/3,字脚靠近底线;表示精度或占位的“0”(例如水准尺读数1300或0216,度盘读数36°05′00″中的“0”)均不能省略。

(5)观测数据的尾数不得更改,读错或记错后必须重测重记。例如,角度测量时,秒级数字出错,应重测该测回;水准测量时,毫米级数字出错,应重测该测站;钢尺量距时,毫米级数字出错,应重测该尺段。

(6)观测数据的前几位若出错时,应用细横线划去错误的数字,并在原数字上方写出正确的数字。注意不得涂擦已记录的数据。禁止连续更改数字,例如:水准测量中的黑面、红面读数,角度测量中的盘左、盘右,距离丈量中的往测、返测等,均不能同时更改,否则重测。

(7)记录数据修改后或观测成果废去后,都应在备注栏内写明原因(如测错、记错或超限等)。

(8)每站观测结束后,必须在现场完成规定的计算和检核,确认无误后,方可迁站。

(9)数据运算应根据所取位数,按“4舍6入,5前单进双舍”的规则进行凑整。例如对1.8244m,1.8236m,1.8235m,1.8245m这几个数据,若取至毫米位,则均应记为1.824m。

(10)应该保持《测量总实习报告书》的整洁,严禁在报告书上书写无关的内容,更不得丢失报告书。

思考题

1. 数据运算时应根据何种规则进行凑整,并根据此规则记录下列数据(取至毫米位):

6.2536m,2.3635m,3.6765m,1.3864m.

2. 请简述计算的规则。

第2章

地形图测绘实习目的与任务

[本章导读]

在进行测量实习之前必须了解地形图测绘的主要目的和任务，了解自己需要学习的实际操作技能和需要掌握的理论知识。本章主要介绍了地形图测绘实习的主要目的和任务，并根据不同的专业给出了测量实习的日程安排表，以及实习成绩考核依据。

[知识目标]

掌握图根导线测量和等外水准测量的基本概念。

[能力目标]

了解测量实习的主要目的和任务。

[重点难点]

熟悉测量实习的一般过程和时间安排，熟练掌握水准测量、经纬仪测角、钢尺量距三项基本工作的实际操作技能。

2.1 地形图测绘实习目的

(1)巩固和深化对测量学课程的理解,熟悉并掌握地形测量内外业的作业程序和施测方法。

(2)较熟练地掌握水准测量、经纬仪测角、钢尺量距三项基本工作的实际操作技能。

(3)熟悉和掌握图根控制点的布设方案和技术方法。

(4)初步掌握大比例尺地形图测绘的程序和方法。

(5)培养在地形测量中的设计、组织、安排、总结等管理方面的意识和能力。

(6)培养同学苦练基本功的良好风气,在测、记、算、绘等方面得到全面的训练,加强同学动手能力的锻炼和提高;使每个同学具有严谨、细致、准确、快速的工作作风和科学态度。

(7)增强个人工作的责任感和测绘工作所必需的团结协作精神。

(8)培养同学在实践中灵活运用所学知识独立解决地形测量实际问题的能力。

2.2 地形图测绘实习任务

1. 技术设计

在收集资料(包括测量实习中的任务要求、相关技术规定和已有测量资料等)、踏勘测区(包括天气情况、主要建筑物、河塘、树木、交通状况和地形条件等)的基础上,进行技术设计。技术要求参见第3章。

2. 水准仪检验与校正

(1)一般性检验结果。

(2) 圆水准器轴应平行于仪器竖轴的检验与校正。

(3) 十字丝横丝应垂直于仪器竖轴的检验与校正。

(4)视准轴应平行于水准管轴的检验与校正。

3. 经纬仪检验与校正

(1)一般性检验结果。

(2)照准部水准管的检验与校正。

(3)十字丝竖丝的检验与校正。

(4)视准轴的检验与校正。

(5)横轴的检验与校正。

(6)竖盘指标差的检验与校正。

检验及校正由小组成员协作完成,以上工作要分别在《测量总实习报告书》如实填写。

4. 图根导线测量

(1)踏勘选点

根据待测区域实际情况合理选点,小组同学共同协商出一个统一的图根导线布设方案(可选择附合导线、闭合导线和支导线),注意钢尺量距的可行性,并尽可能考虑导线的个数与人数相等,由全组同学共同选点并设立标志。

(2)外业观测

图根导线测量中的水平角均按一个测回施测,上、下半测回互差≤±40″;水平距离用钢尺进行丈量。导线角度闭合差≤±40″$\sqrt{n}$,导线全长相对闭合差≤1/2000。要求小组成员每人都要进行观测、记录以及前、后视的作业工作。

(3)内业计算

每人设计一套计算表格,独立完成一条导线测量的内业计算(每条导线原则上由记录者计算,观测者检核),每人提交一份计算成果(包括计算表格和控制点成果表)和导线点展点图。

5. 等外水准测量

(1)路线设计

根据图根导线的布设情况以及各自的技术设计,小组同学共同协商出一个统一的水准路线,尽可能构成附合水准路线和闭合水准路线,并尽可能考虑水准路线的个数与人数相等。水准路线闭合差≤±40 $\sqrt{L}$ mm(L 为水准线路总长度,以 km 为单位)。

(2)外业观测

其要求同图根导线测量。

(3)外业计算

每人设计一套计算表格,独立完成一条水准路线的内业计算(每条水准路线原则上由记录者计算,观测者检核),每人提交一份计算成果(包括计算表格和水准点成果表)和水准路线略图。

6. 方格网绘制与控制点展绘

(1)方格网绘制

小组共同完成一个 50cm×50cm 或 25cm×25cm 方格网,完成后妥善保存,以便核查。

(2)控制点展绘

将整个测区按人数分成若干块,每人负责一块,将自己负责区域内及其附近的控制点展绘到自己的方格网内。完成后妥善保存,以便核查。

7. 地形图测绘

地形图测绘采用经纬仪测绘法测绘,将整个测区分块测绘,每人负责测绘一块,即小组内每个同学轮流观测、计算、绘图和跑尺。各自负责所测图块的整饰,完成后每小组提交一张铅笔整饰地形图。

8. 技术总结

所有任务完成后,整理全部成果,填写《测量总实习报告书》。

(1) 地形测量图(面积大约 200m×200m)。

(2)设 5~6 个点,组成闭合导线,作平面控制测量(用经纬仪)。

(3)高程控制测量,测每个站点的高程(用水准仪)。

(4)地形图测绘主要是碎部点测量。方法是极坐标法(经纬仪测绘法)。

(5)所交成果：每实习小组可以完成一张地形图，与任务书装订在一起。其中地形图主要内容：建筑物轮廓、名称、道路、草地、围墙、电线杆等，尽量填满图面(道路、草地等高程每一块至少标注一个)。

(6)如实填写《测量总实习报告书》，内容包括：

① 前言：包括总实习的目的和要求，以及本次总实习内容。

② 仪器的检验与校正：记录表将3种仪器的调试情况分别如实地填写在表中。

③ 水准测量计算表：按本书第6章介绍的方法进行计算。

④ 普通水准测量成果计算表：按本书第6章介绍的方法进行计算。

⑤ 测回法观测水平角记录表：按本书第7章介绍方法进行计算。

⑥ 距离丈量及磁方位角测量记录表：按本书第7章介绍方法进行计算。

⑦ 碎部点测量记录表：根据实测记录填写。

⑧ 方格网绘制与导线点展点图：注明点号、高程、距离、角度以及起始边的坐标位角。并将展点图贴在图外。

⑨ 计算栏主要用于以下测量数据计算：a. 图根闭和导线点坐标计算；b. 碎部点竖盘读数不为90°计算。

⑩ 实习小结：心得体会等。

2.3 测量实习日程安排

根据专业的安排、测量实习的时间长短有所不同。常分为单周、双周、三周，具体安排如下：

1. 单周时间安排

如表2-1所示。

表2-1 单周(5d)日程安排

序号	项目	天数(d)	附注
1	实习动员，检校仪器	1	动员，熟悉任务书，借领仪器，准备用具
2	选点、量边、测角、测高	1	钢尺量边、经纬仪测角、水准仪测控制点高程
3	内业计算，展点	0.5	
4	地形图测绘	1	碎部测量
5	地形图检查与整饰	0.5	
6	小组整理资料	0.5	
7	个人实习总结	0.5	提交测绘资料与《测量总实习报告书》

2. 双周时间安排

如表2-2所示。

表 2-2　双周(10d)日程间安排

序　号	项　　目	天数(d)	附　　注
1	实习动员,检校仪器	1	动员,熟悉任务书,借领仪器,准备用具
2	选点、量边、测角、测高	3	钢尺量边,经纬仪测角,水准仪测控制点高程
3	内业计算,展点	0.5	
4	地形图测绘	3	碎部测量
5	地形图检查与整饰	1	
6	小组整理资料	1	
7	个人实习总结	0.5	提交测绘资料与《测量总实习报告书》

3. 三周时间安排

如表 2-3 所示。

表 2-3　三周(15d)日程安排

序　号	项　　目	天数(d)	附　　注
1	实习动员,检校仪器	1	动员,熟悉任务书,借领仪器,准备用具
2	选点、量边、测角、测高	4	钢尺量边,经纬仪测角,水准仪测控制点高程
3	内业计算,展点	1	
4	地形图测绘	4	碎部测量
5	地形图检查与整饰	1	
6	小组整理资料	1	
7	机动	2	
8	个人实习总结	1	提交测绘资料与《测量总实习报告书》

2.4　实习成绩考核依据

1. 本人在实习中的工作态度,遵纪、团结和出勤情况。
2. 小组完成任务的情况和成果的质量。
3. 个人实际操作技能的水平和个人小结的质量。
4. 认真填写并按时上交《测量总实习报告书》。

2.5 《测量总实习报告书》使用说明

《测量总实习报告书》(以下简称"报告书")是评定个人实习成绩的重要依据。每位参加测量总实习的同学都必须认真完成报告书,实事求是地反映和记录本人在实习过程中担负的各项工作、任务。

在填写报告书之前,要认真阅读本书内容和如下相关要求,做到心中有数。

报告书中各类表格的数字、数据请用硬性铅笔(2H 或 3H)填写,其他文字用钢笔或黑色中性笔工整填写。

要保证报告书的完整性,不得在上面书写无关的内容,要做到卷面整洁、装订整齐,以免影响成绩评定。

1. 填写要求

(1)前言部分

主要说明实习目的、任务和要求,测区位置及选点情况,以及本实习小组人员具体分工情况等。

(2)记录表、计算表部分

记录观测数据之前,请用钢笔或黑色中性笔将表格表头的仪器型号编号、日期、天气、测站、观测者及记录者姓名等,逐一填写齐全,不得遗漏。

记录观测数据时请用铅笔,要求字体端正、字迹清晰、数位对齐、数字齐全。字体的大小一般占格宽的1/2～1/3,字脚靠近底线。

不得涂擦已记录的数据。如果观测数据出错,可用铅笔在错误的数字上画出细横线,并在原数字上方写出正确的数字。

禁止连续更改数字。例如:水准测量中的黑面或红面读数、角度测量中的盘左或盘右、距离丈量中的往测或返测等,均不能同时更改,否则必须重测重记。

碎部点测量记录表共有4张,要求实习小组人员之间轮换各项实习工作,轮流担任观测、记录等不同的测量任务。

(3)展点图、计算栏部分

另用绘图白纸绘制坐标方格网,展绘导线点,并注明点号、高程、距离、角度以及起始边的坐标方位角。请将完成的展点图贴在此处。

计算栏主要用于数据计算。

(4)测量实习小结

写出在实际测绘中出现的各种问题和解决方法,以及实习心得体会、意见和建议(不少于300字)。

2. 其他要求

(1)填写完毕后,请沿剪切线逐页裁下;再按页码顺序整齐装订;然后粘贴上封面(注意各边对齐),装订成册。

(2)必须按时完成《测量总实习报告书》。分班级收齐;交由实习指导教师评阅、打分;最后送测量实验室存档。

思考题

1. 水准仪、经纬仪在使用前应进行哪些检验与校正?
2. 如何正确填写《测量总实习报告书》?
3. 怎样合理安排本小组测量实习日程?

第3章

地形图测绘实习技术要求

[本章导读]

测绘的基本工作是确定地面上地物和地貌特征点的位置。为了保证所测点位的精度，减少误差积累，测量工作必须遵循“从整体到局部”、“先整体后碎部”的组织原则，控制测量又分为平面控制测量和高层控制测量两种。

[知识目标]

学习平面、高程控制测量的一般概念及误差要求；掌握碎部测量的基本概念和一般要求。

[能力目标]

能够合理地选择控制点和碎部点，掌握计算的一般方法以及地形图绘制的一般要求。

[重点难点]

准确计算角度闭合差以及高差闭合差，并了解其误差控制的要求。

测图比例尺 1∶1000 或 1∶500，测图范围不小于 200m×200m。测绘的具体位置由指导教师统一安排。

3.1 平面控制测量

可在测区内选定 5～6 个点组成闭合导线，作为平面控制。控制不到的地区可设支导线，按图根导线要求进行观测。即用钢尺往返丈量边长，其相对误差 $k\leqslant 1/3000$。用经纬仪测回法观测导线内角，测一个测回，其角度闭合差 $f \leqslant \pm 60''\sqrt{n}$，用罗盘仪测得起始边磁方位角，起始点坐标可由指导老师给定或者学生自己假设。然后进行导线坐标计算，算出各导线点的坐标，其导线精度 $k\leqslant 1/2000$。

3.2 高程控制测量

可用导线点代替高程控制点，用四等水准测量方法测定各点高程，每站用双面尺或双仪高法观测，其高差闭合差 $f\leqslant\pm 12\sqrt{n}$ mm（n 为测站数，用于山地）或 $\pm 40\sqrt{L}$ mm（L 为水准路线长度公里数，用于平地）。假定起始相对高程 $H=10.00$m。

3.3 内业计算

1. 平面坐标及水准高程的起始数据，均系假定。
2. 导线及水准网均系采用近似平差法。
3. 图根控制点测量结束后，必须整理下列材料：

(1)测回法观测水平角记录表和距离丈量记录表。
(2)普通水准测量记录表。
(3)导线、水准控制网略图。
(4)计算表和坐标、高程成果表。

3.4 碎部测量

1. 方格网的检查，采用聚酯薄膜测图

用直尺检查方格网的交点是否在同一直线上，其偏离值应小于 0.2mm。用标准直尺（格网尺）检查方格网线段的长度与理论值相差不得超过 0.2mm。方格网对角直线长度误差应小于 0.3mm，如超过规定的限差应重新绘制。

2. 控制点展绘的检查

各控制点展绘好后，可用比例尺在图上量取各相邻控制点之间的距离，和已知的边长相比较，其最大误差在图纸上不得超过 0.3mm，否则应重新展绘。检查点号和高程的注记有无错误。用一般直尺展点只能估读到尺子最小格值的 1/10。如果想要正确地读出最小格值的 1/10，则可用复式比例尺。

3. 碎部点的最大视距长度

采用经纬仪法测图时，1/500 的测图碎部点的最大视距长度不得超过 75m。

4. 根据测区内地物、地貌的情况定立尺点的多少

原则上，测图中要求以最少数量（必需量）的确实起着控制地形作用的特征点，准确而精细描绘地物、地貌。因此，立尺点应选在地物轮廓的起点、终点、弯曲点、交叉点、转折点上及地貌的山顶、山腰、鞍部、谷源、谷口、倾斜变换和方向变换的地方。地形点的多少视具体地形而定，尽量布置均匀。

5. 所有碎部点高程注记至毫米

点位借用高程注记的小数点。等高距的大小应按地形情况和用图需要来确定。

3.5 地形图测绘

1. 将计算正确的控制点坐标展绘在打好方格网的薄膜图纸上。用经纬仪测绘法进行测量，可现场绘图，细部也可测记后回室内详细绘制。

要求经纬仪对中误差≤0.5cm，定向（按已知定向）误差≤0.3cm。

2. 地形图例采用中华人民共和国国家标准《国家基本比例尺地图图示第一部分：1∶500、1∶1000、1∶2000 地形图图示》的统一规定。各组在碎部测量前到资料室借一本《地形图图式》。

3. 在碎部测图过程中，每完成一测站后，应重新瞄准零方向，检查经纬仪定向有无错误。

4. 地形图上所有线划、符号和注记应在现场完成，并严格遵循看不清不描绘的原则。

5. 对所测图幅进行清绘和整理，最后绘制图廓和填写有关图外注记。

思考题

1. 测区内的控制点应如何选择？

2. 如何计算与校核高差闭合差？

第4章

DS3 水准仪检验与校正

［本章导读］

为了保证水准测量的精度与准度，在水准仪使用之前必须对其进行检验与校正。本章介绍了水准仪应满足的几何条件，并给出了各种几何条件下，水准仪检验与校正的一般方法。

［知识目标］

了解水准仪的主要轴线，并理解各轴线间应满足的几何条件。

［能力目标］

掌握水准仪检验与校正的一般方法，并能正确填写水准仪检验与校正记录表。

［重点难点］

水准仪检验与校正的目的及方法。

4.1 水准仪应满足的几何条件

水准仪的轴线如图 4－1 所示，图中 LL 为水准管轴，CC 为视准轴，VV 为仪器竖轴，$LoLo$ 为圆水准器轴(纵轴)。

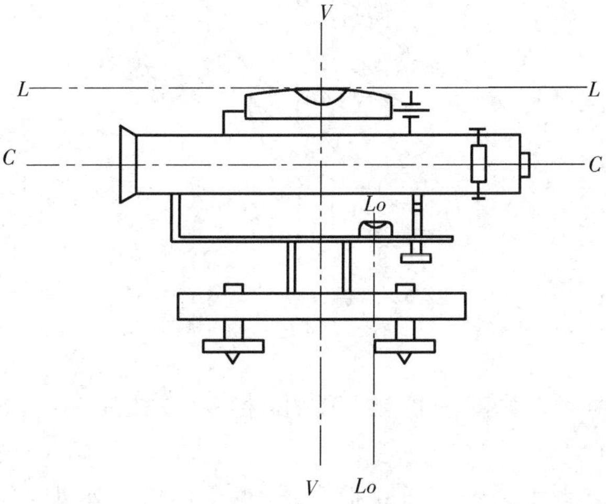

图 4－1　水准仪的轴线

进行水准测量时，水准仪必须提供一条水平视线，水准仪在构造上应满足水准管轴平行于视准轴这个主要条件。此外为了测量操作的方便，还应满足圆水准轴平行纵轴条件。另外，横丝应垂直于纵轴，使横丝处于水平状态，以便于在水准尺上读数。仪器出厂前都经过严格检查，均能满足条件，但经过长期使用或某些震动，轴线间的关系有可能会受到破坏。为此，测量之前必须对仪器进行检验校正。

4.2 水准仪的检验与校正

1. 一般性检验

检查三脚架是否稳固，安置仪器后检查制动和微动螺旋、微倾螺旋、对光螺旋、脚螺旋转动是否灵活以及是否有效，并将此记录在一般性检验记录表中(参见表 4－1)。

2. 圆水准器轴平行于仪器竖轴的检验和校正

(1)目的

满足条件 $LoLo /\!/ VV$，使圆水准气泡居中时，竖轴基本铅直，视准轴粗平。

(2)检验

转动脚螺旋，使圆水准气泡居中，将仪器绕竖轴旋转 180°，若气泡仍居中，说明此条件满足，否则需校正。其记录图表见表 4－2。

(3)校正

① 转动脚螺旋使气泡退回偏离值的一半。

② 松开圆水准器背面中心固紧螺丝(如图 4-2),按照圆水准器粗平的方法,用校正针拨动相邻两个校正螺丝,再拨动另一个校正螺丝,使气泡居中。

③ 按这种方法反复检校,直到转到任何方向,气泡均居中为止,校正即可结束。最后,将中心固紧螺丝拧紧。

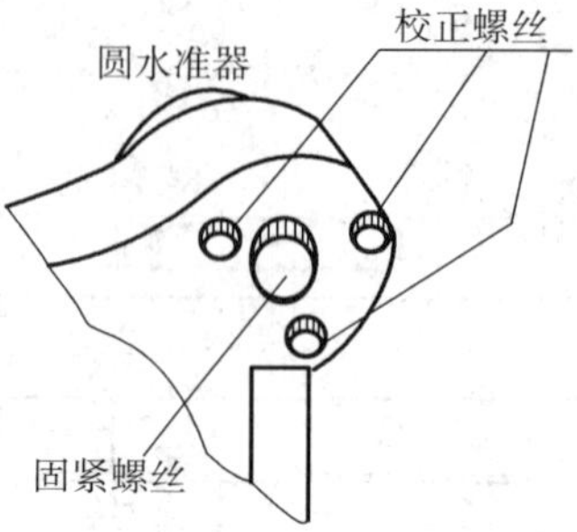

图 4-2 圆水准器的校正螺丝

3. 十字丝横丝(中丝)垂直于仪器竖轴的检验与校正

(1)目的

使十字丝横丝垂直于竖轴。当竖轴铅直时,横丝处于水平,横丝上任何位置读数均相同。

(2)检验

① 用十字丝横丝一端对准远处一明显点状标志 P,如图 4-3(a)所示。拧紧制动螺旋。

② 旋转微动螺旋,使望远镜视准轴绕竖轴转动,如果 P 点沿着横丝移动,如图 4-3(b),则表示十字丝横丝与竖轴垂直;不需校正。

③ 如果 P 点明显偏离横丝,如图 4-3(c)、(d),则表示十字丝横丝不垂直于竖轴,需要校正。

用十字丝横丝一端瞄准细小点状目标,转动微动螺旋,使其移至横丝的另一端。若目标始终在横丝上移动,说明此条件满足,否则需要校正。

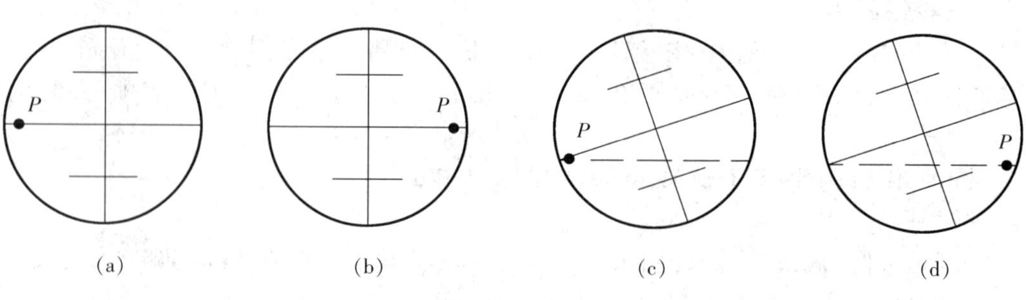

图 4-3 十字丝检验

(3)校正

旋下目镜处十字丝分划板护罩,用小改锥松开十字丝分划板座的四个固定螺丝(如图 4-4),微微转动十字丝分划板,使横丝端点至点状目标的间隔减小一半,再返转到起始端点。重复上述检验校正，直到无显著误差为止，最后将固定螺丝拧紧。

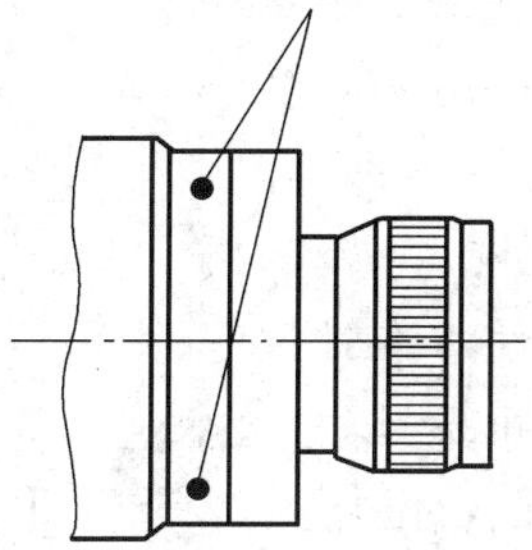

图 4－4　十字丝分划板座的固定螺丝

4. 视准轴平行于水准管轴的检验与校正

(1)目的

满足条件 $LL/\!/CC$，使水准管气泡居中时，视准轴处于水平位置。如 DS3 水准仪当 i 角大于 $20''$ 时则仪器必须校正。

(2)检验

设水准管轴不平行于视准轴，它们之间的交角为 i。当水准管气泡居中，视准轴不水平而产生 i 角误差 Δ；当仪器至尺子的前后视距离相等时，则在两根尺子上的 i 角误差 Δ 也相等，因此计算时将不会影响所求的高差。

其检验步骤如下：

① 选择一平坦地面，相距 80m 左右各打一木桩 A、B，将仪器置于中点 C，并使 $AC=BC$。

② 将水准仪安置于中点 C 处，在 A、B 两点竖立水准尺。用两次仪高法两次测定 A 至 B 点的高差。当两次高差的较差不大于 3mm 时，取两次高差的平均值 h_{AB} 作为两点高差的正确值。

③ 将仪器安置于 C' 处(即距 B 点 2～3m 处)，精平仪器后，读出 B 点尺上的读数 b_2。由于 i 角较小，仪器离 B 点近，引起读数 b_2 的误差可忽略不计，可视为水平视线的读数。于是，可根据已知高差 h_{AB} 反算求得视线水平时的后视应读数 a'_2，即：

$$a'_2=b_2+h_{AB}$$

④ 将望远镜照准 A 点标尺，精平后读得的读数为 a_2。若 $a_2=a'_2$，说明两轴平行。否则，存在 i 角，其值为：

$$i=\frac{|a'_2-a_2|}{D_{AB}}\rho''$$

式中：D_{AB} 为 AB 两点间的平距；$\rho''=206265''$。

(3)校正

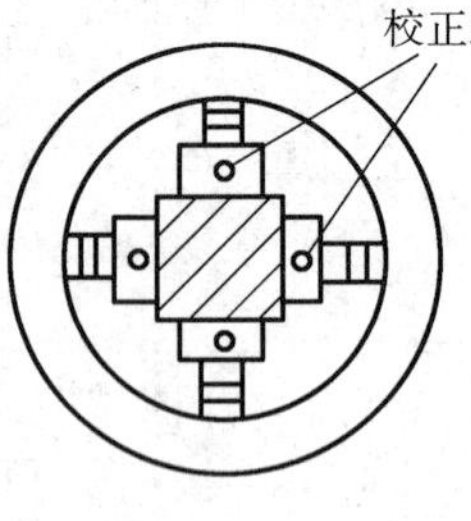

图 4-5　管水准器的校正螺丝

① 管水准器的校正螺丝在观察镜旁的圆孔内，共有上下左右 4 个，如图 4-5。校正时，先调节望远镜微倾螺旋使望远镜横丝对准 A 点标尺的读数 a'_2，此时视准轴处于水平位置，而水准管气泡却偏离了中心。

② 用校正针拨动左右两个校正螺丝，再一松一紧调节上下两校正螺丝，使水准管气泡居中(符合)，最后旋紧左右两校正螺丝。

③ 此项检验校正要反复进行，直至达到要求为止。

4.3　注意事项

(1)要按照实验步骤进行检验，确认检验无误后才能进行校正。

(2)拨动校正螺丝时，应先松后紧，松紧适当。校正螺丝应处于稍紧的状态。

4.4　水准仪的检验与校正记录表

1. 一般性检验记录表

其格式见表 4-1。

表 4-1　一般性检验记录表

仪器型号编号　　日期　　班组　　姓名

检验项目	检验结果
三脚架是否牢固	
脚螺旋是否有效	
制动与微动螺旋是否有效	
微倾螺旋是否有效	
对光螺旋是否有效	
望远镜成像是否清晰	

2. 圆水准器平行轴平行于竖轴的检验校正记录表

其格式见表 4-2。

表 4-2　圆水准器轴平行仪器竖轴的检验与校正记录表

检验(旋转仪器 180°)次数	气泡偏离情况	处理结果

3. 十字丝横丝垂直于竖轴的检验校正记录表

其格式见表 4-3。

表 4-3　十字横丝垂直于仪器竖轴的检验与校正记录表

检验次数	偏离情况	处理结果

4. 视准轴平行于水准管轴的检校记录

其格式见表 4-4。

表 4-4　视准轴平行于水准管轴的检校记录

仪器位置	项目	第一次	第二次	第三次
在中点测高差	A 点尺上读数 a_1			
	B 点尺上读数 b_1			
	$h'_{AB} - b_1 - a_1$			
	平均高差 h_{AB}			
在 A 点附近检验	A 点尺上读数 a_2			
	B 点尺上读数 b_2			
	$a'_2 = b_2 + h_{AB}$			
	$\triangle a_2 = a_2 - a'_2$			
	$t = \frac{\lvert a'_2 - a_2 \rvert}{D_{AB}} \rho''$			

思考题

1. 试述水准仪应满足的几何条件，主要条件是什么？为什么？
2. 若水准仪的十字丝横丝不垂直于竖轴，应如何校正？

第5章

经纬仪的检验与校正

[本章导读]

为了保证角度测量的精度与准度，在经纬仪使用之前必须对其进行检验与校正。本章介绍了经纬仪应满足的几何条件，并给出了各种几何条件下，经纬仪检验与校正的一般方法。

[知识目标]

了解经纬仪的主要轴线，并理解各轴线间应满足的几何条件。

[能力目标]

掌握经纬仪检验与校正的一般方法，并能正确填写经纬仪检验记录表。

[重点难点]

经纬仪检验与校正的目的及方法。

5.1 经纬仪应满足的几何条件

由测角原理可知，观测角度时，经纬仪水平度盘必须水平，竖盘必须铅直，望远镜上下转动的视准轴应在一个铅垂面内。

经纬仪应满足下列条件(如图 5-1 所示)：

1. 水准管轴应垂直于竖轴($LL \perp VV$)。
2. 十字丝纵丝应垂直于横轴。
3. 视准轴应垂直于横轴($CC \perp HH$)。
4. 横轴应垂直于竖轴($HH \perp VV$)。
5. 竖盘指标差应为 0。
6. 光学对中器的视准轴应与仪器竖轴重合。

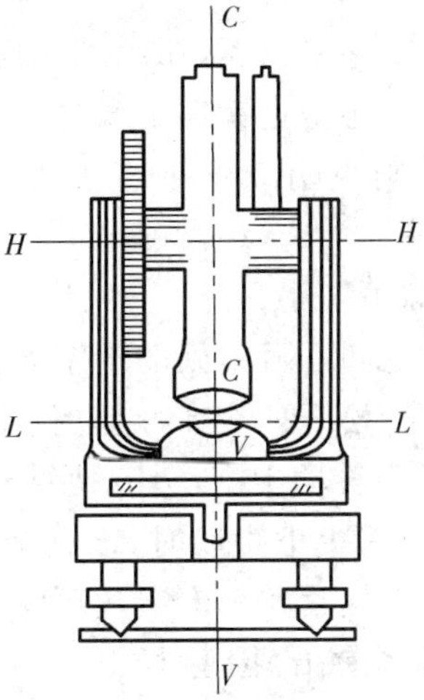

图 5-1　经纬仪的轴线

仪器出厂前都经过严格检查，均能满足条件，但经过长期使用或某些震动，轴线间的关系可能会受到破坏。为此，测量之前必须对经纬仪进行检验校正。

5.2 经纬仪的检验与校正

1. 一般性检验

检查三脚架是否稳固，安置仪器后检查制动和微动螺旋、对光螺旋、脚螺旋转动是否灵活，是否有效，记录在一般性检验记录表中(参见表 5-1)。

2. 照准部水准管轴的检验与校正

(1)目的

满足条件 $LL \perp VV$，气泡居中时，竖轴应铅直，水平度盘应水平。

(2)检验

① 将仪器大致整平，转动照准部使水准管与两个脚螺旋连线平行。

② 转动脚螺旋使水准管气泡居中，此时水准管轴水平。

③ 将照准部旋转 180°，若气泡仍然居中，表明条件满足；若气泡不居中，则需进行校正。

(3)校正

① 转动与水准管平行的两个脚螺旋，使气泡向中央移动偏离值的一半。

② 用校正针拨动水准管校正螺丝(注意应先放松一个，再旋紧另一个)，使气泡居中，此时水准管轴处于水平位置，竖轴处于铅直位置，即 $LL \perp VV$。

③ 此项检验校正需反复进行，直至照准部旋转到任何位置，气泡偏离最大不超过半格时为止。

3. 十字丝纵丝的检验校正

(1)目的

满足纵丝垂直于水平轴。

(2)检验

① 整平仪器，用纵丝照准任一点 P。

② 将望远镜上下微动，如该点始终不离开纵丝，则说明纵丝垂直于水平轴。否则，需进行校正。

(3)校正

① 卸下目镜处的十字丝护盖。

② 松开四个十字丝环固定螺丝(如图 5-2)，微微转动十字丝环，使纵丝与 P 点重合，直到望远镜上下微动时，该点始终在纵丝上为止。

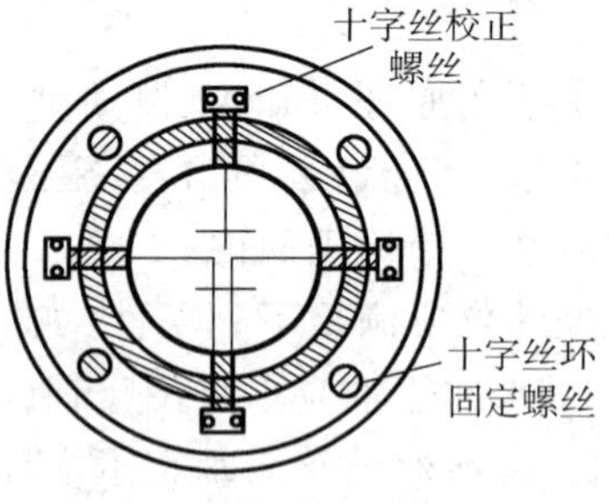

图 5-2　十字丝校正螺丝

③ 旋紧四个十字丝环固定螺丝，装上十字丝护盖。

4. 视准轴的检验校正

(1)目的

满足条件 $CC \perp HH$，使望远镜视准轴绕水平轴旋转时扫出的面是一竖直平面而不是圆锥面。

(2)检验

① 选择一平坦场地，在 A、B 两点(相距约 100m)的中点 O 安置仪器(如图 5-3 所示)。在 A 点竖立一标志，在 B 点横放一根水准尺或毫米分划尺，使其尽可能与视线 OA 垂直。标志与水准尺的高度大致与仪器同高。

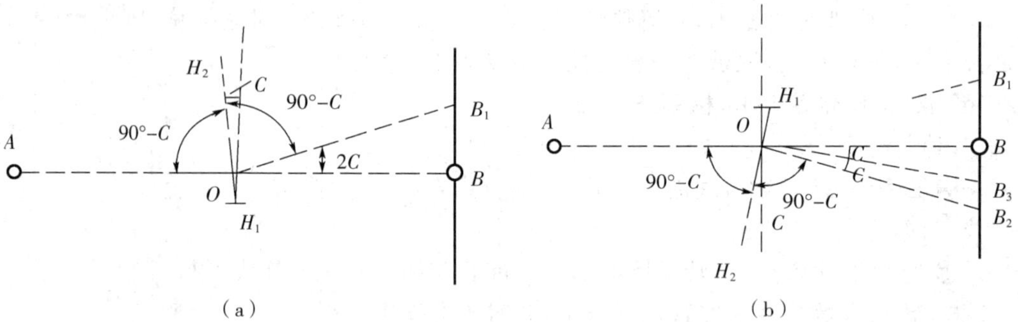

图 5-3　视准轴误差的检校

② 于盘左位置照准 A 点，固定照准部，然后纵转望远镜成盘右位置，在 B 尺上读数，得 B_1，见图 5-3(a)。

③ 盘右位置再照准 A 点，固定照准部，纵望远镜成盘左位置，在 B 尺上读数，得 B_2，见图 5-3(b)。若 B_1、B_2 两点重合，表明条件满足，否则需校正。

(3)校正

视准轴不垂直于水平轴而相差一个 C 角，称为视准误差。B_1 反映了盘左 $2C$ 误差，B_2 反映了盘右 $2C$ 误差，B_1、B_2 为 $4C$ 误差。

① 如图 5-3，由 B_2 点向 B 点量取 $B_1B_2/4$ 的长度，定出 B_3 点。

② 用校正针拨动图 5-2 中左右两个校正螺丝，使十字丝交点与 B_3 点重合。

③ 此项检验校正需反复进行，直至满足条件为止。

5. 水平轴应垂直于竖轴的检验校正

(1)目的

满足条件 $HH \perp VV$，使视准轴绕水平轴旋转时扫出的面是一铅垂面而不是倾斜面。

(2)检验

① 如图 5-4，在离墙 10～30m 处安置经纬仪。

② 盘左瞄准高处一点 $P(\alpha > 30°)$，旋紧照准部制动螺旋。然后，将望远镜放至大致水平位置，用十字丝交点在墙上定出一点 P_1。

③ 倒镜，用盘右位置再瞄准高处 P 点，同法在墙上又定得一点 P_2；如果 P_1、P_2 两点重合，说明条件满足；若不重合，则需要校正。

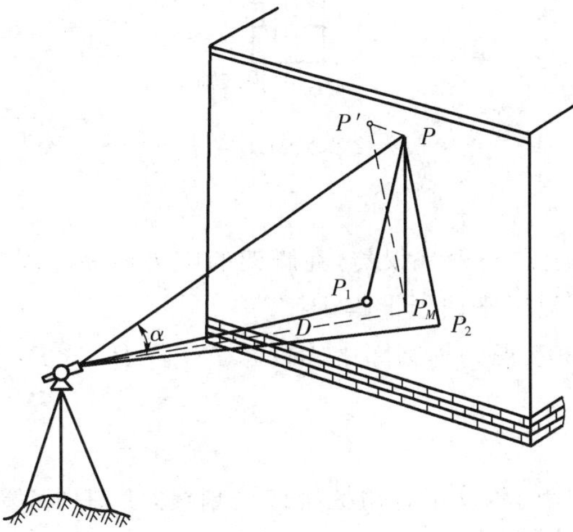

图 5-4　横轴误差的检校

(3)注意事项

光学经纬仪的横轴是密封的，测量人员只需进行检验。校正则由仪器检修人员进行。

6. 竖盘指标差的检验与校正

(1)目的

满足指标差为 0，当指标水准管气泡居中时，指标处于正确位置。

(2)检验

① 仪器整平后，用横丝盘左、盘右瞄准同一目标，在竖盘指标水准管气泡居中时分别读取竖盘读数 L、R。

② 计算出指标差 x。对于 DJ6 级经纬仪，若指标差超过 $1'$时，则需进行校正。

(3)校正

① 计算盘右的正确读数：根据分析，无论盘左还是盘右的正确读数都应等于读得的竖盘读数减去指标差。即盘右的正确读数 R_0 为：$R_0 = R - x$。

② 在盘右位置转动竖盘指标水准管微动螺旋，使竖盘读数对准正确读数 R_0 此

时，指标水准管气泡不再居中。

③ 拨动指标水准管的校正螺丝，使气泡居中即可。此项检验也应反复进行，直到满足要求为止。

7. 光学对中器的检验与校正

(1)目的

使光学对中器的视准轴与仪器竖轴重合。光学对中器示意图如图 5－5 所示。

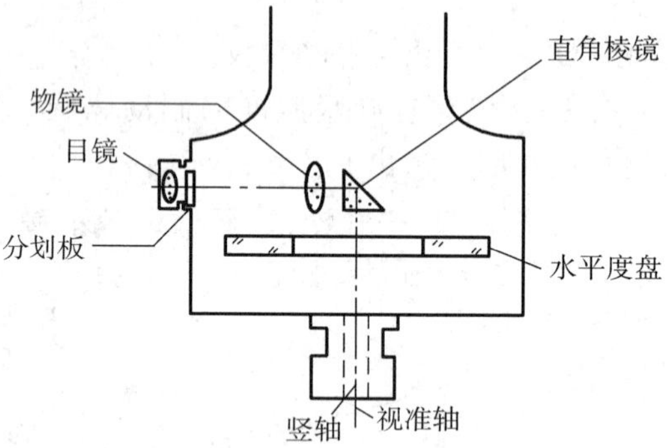

图 5－5 光学对中器示意图

(2)检验

① 在平坦的地面上严格整平仪器，在脚架的中央地面上固定一张白纸。对中器调焦，将刻划圆圈中心投影于白纸上得 P_1。

② 转动照准部 180°，得刻划圆圈中心投影 P_2，若 P_1 与 P_2 重合，则条件满足；否则，需校正。

(3)校正

① 取 P_1、P_2 的中点 P，校正直角棱镜或分划板，使刻划圆圈中心对准 P 点。

② 重复检验校正的步骤，直到照准部旋转 180°后对中器刻划圆圈中心与地面点无明显偏离为止。

8. 一般性检验记录

其格式见表 5－1。

表 5－1 一般性检验记录

仪器型号与编号　　　　日期　　　　班组　　　　姓名

检 验 项 目	检 验 结 果
三脚架是否牢固	
脚螺旋是否有效	
水平制动与微动螺旋是否有效	
望远镜制动与微动螺旋是否有效	
照准部转动是否灵活	
望远镜转动是否灵活	
望远镜成像是否清晰	

5.3 注意事项

(1)实验步骤不能颠倒。

(2)校正结束后,各校正螺丝应处于稍紧状态。

思考题

1. 试述经纬仪应满足的几何条件。
2. 试述视准轴检验的目的及方法。

第6章

普通水准测量

[本章导读]

直接供地形测图使用的控制点，称为图根控制点，简称图根点。测定图根点位置的工作，称为图根控制测量。对于小面积的测区，图根控制网可作为首级控制。图根水准测量是用于测定图根点的高程及工程水准测量，其精度低于四等水准测量，故又称为普通或等外水准测量。独立测区可采用闭合水准路线，假设任一点的高程作为已知高程。

[知识目标]

1. 掌握水准测量的基本原理、熟悉水准仪各构件名称及作用。

2. 理解水准测量路线的三种主要形式，并掌握附合水准路线、闭合水准路线闭合差的计算、调整和成果计算。

3. 了解引起水准测量误差的各种因素及消除方法。

[能力目标]

1. 熟练掌握水准仪的安置、粗略整平、瞄准水准尺、精平和读数等操作步骤。

2. 掌握变动仪器高和双面尺法测高差。

3. 准确填写水准测量记录表格。

[重点难点]

水准仪正确的使用和操作步骤以及闭合差的计算与调整。

6.1 水准测量基本概念

1. 水准测量基本原理

水准测量是利用一条水平视线，并借助水准尺，来测定地面两点间的高差，这样就可由已知点的高程推算出未知点的高程（见 92 页附图 4－3 高差测量）。

设后视 A 尺读数为 a，前视 B 尺读数为 b ，则 A、B 两点高差为：

$$h_{AB}=a-b$$

高差法　　$H_B=H_A+h_{AB}$

视线高法　　$H_B=(H_A+a)-b$

2. 水准测量仪器和工具

水准测量所使用的仪器为水准仪，其工具为水准尺和尺垫。水准仪按其精度可分为 DS 05、DS1、DS3 和 DS 10等四个等级。图根高程控制测量常使用 DS3 级水准仪（如图 6－1），因此本章着重介绍这类仪器。

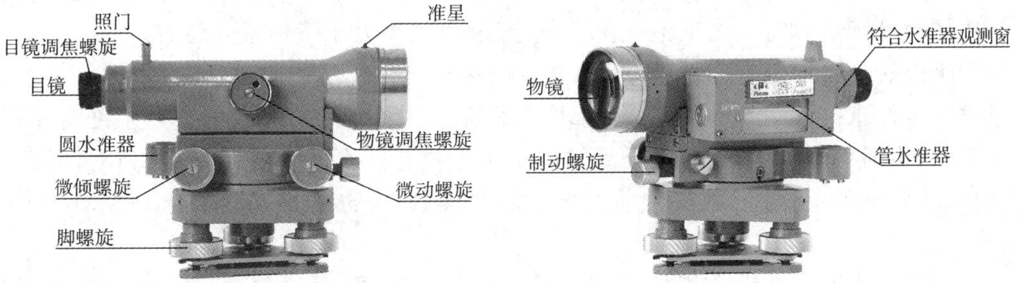

图 6－1　DS3 级水准仪

(1)水准仪的结构

根据水准测量的原理，水准仪的主要作用是提供一条水平视线，并能照准水准尺进行读数。水准仪主要有望远镜、水准器及基座三部分。

① 望远镜

DS3 水准仪望远镜主要由物镜、目镜、对光透镜和十字丝分划板所组成。物镜和目镜多采用复合透镜组，十字丝分划板上刻有两条互相垂直的长线，竖直的一条称竖丝，横的一条称为中丝，是为了瞄准目标和读取读数用的。在中丝的上下还对称地刻有两条与中丝平行的短横线，是用来测定距离的，称为视距丝。十字丝分划板是由平板玻璃圆片制成的，平板玻璃片装在分划板座上，分划板座固定在望远镜筒上，如图 6－2(a)。

十字丝交点与物镜光心的连线，称为视准轴或视线。水准测量是在视准轴水平时，用十字丝的中丝截取水准尺上的读数，如图 6－2(b)。

对光凹透镜可使不同距离的目标均能成像在十字丝平面上。再通过目镜，便可

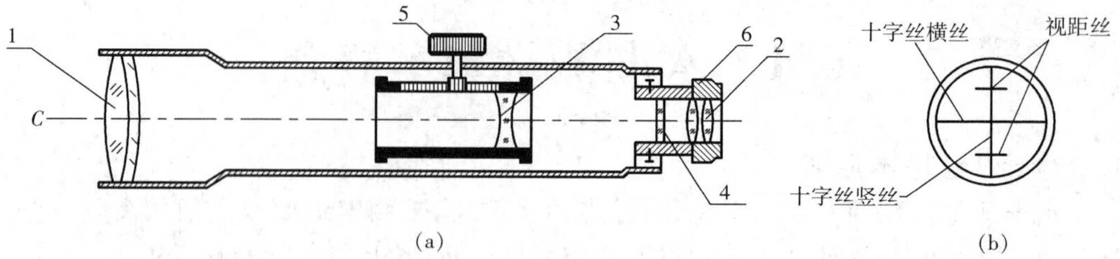

1—物镜 2—目镜 3—调焦透镜 4—十字丝分划板 5—物镜调焦螺旋 6—目镜调焦螺旋

图 6-2 望远镜构造及十字丝放大像

看清同时放大了的十字丝和目标影像。从望远镜内所看到的目标影像的视角与肉眼直接观察该目标的视角之比,称为望远镜的放大率。DS3 级水准仪望远镜的放大率一般为 28 倍。

② 水准器

水准器是用来指示视准轴是否水平或仪器竖轴是否竖直的装置。包括管水准器和圆水准器两种:管水准器用来指示视准轴是否水平;圆水准器用来指示竖轴是否竖直。

a. 管水准器

又称水准管,是一纵向内壁磨成圆弧形的玻璃管,管内装酒精和乙醚的混合液,加热融封冷却后留有一个气泡。由于气泡较轻,故恒处于管内最高位置。

水准管上一般刻有间隔为 2mm 的分划线,分划线的中点 0,称为水准管零点。通过零点作水准管圆弧的切线,称为水准管轴。当水准管的气泡中点与水准管零点重合时,称为气泡居中;这时水准管轴处于水平位置。水准管圆弧 2mm 所对的圆心角称为水准管分划值。安装在 DS3 级水准仪上的水准管,其分划值不大于 20″/2mm。

微倾式水准仪在水准管的上方安装一组符合棱镜,通过符合棱镜的反射作用,使气泡两端的像反映在望远镜旁的符合气泡观察窗中。若气泡两端的半像吻合时,就表示气泡居中。若气泡的半像错开,则表示气泡不居中;这时,应转动微倾螺旋,使气泡的半像吻合。

b. 圆水准器

圆水准器顶面的内壁是球面,其中有圆分划圈,圆圈的中心为水准器的零点。通过零点的球面法线为圆水准器轴线,当圆水准器气泡居中时,该轴线处于竖直位置。当气泡不居中时,气泡中心偏移零点 2mm,轴线所倾斜的角值,称为圆水准器的分划值,由于它的精度较低,故只用于仪器的粗略整平。

③ 基座

基座的作用是支撑仪器的上部并与三脚架连接。它主要由轴座、脚螺旋、底板和三角压板构成。

(2)水准尺和尺垫

① 水准尺

水准尺是水准测量时使用的标尺。其质量好坏直接影响水准测量的精度。因此，水准尺需用干燥的且不易变形的优质木材制成；要求尺长稳定，分划准确。常用的水准尺有塔尺和双面尺两种。

a. 塔尺多用于等外水准测量，其长度有 2m 和 5m 两种，用两节或三节套接在一起。尺的底部为零点，尺上黑白格相间，每格宽度为 1cm，有的为 0.5cm，每一米和分米处均有注记。

b. 双面尺多用于三、四等水准测量。其长度有 2m 和 3m 两种，且两根尺为一对。尺的两面均有刻划，一面为红白相间称红面尺；另一面为黑白相间，称黑面尺（也称主尺），两面的刻划均为 1cm，并在分米处注字。两根尺的黑面均由零开始；而红面，一根尺由 4.687m 开始至 6.687m 或 7.687m，另一根由 4.787m 开始至 6.787m 或 7.787m。

② 尺垫

尺垫是在转点处放置水准尺用的，它用生铁铸成，一般为三角形。其中央有一突起的半球体，下方有三个支脚。用时将支脚牢固地插入土中，以防下沉，上方突起的半球形顶点作为竖立水准尺和标志转点之用。

6.2 水准仪的使用

水准仪的使用包括仪器的安置、粗略整平、瞄准水准尺、精平和读数等操作步骤。

1. 安置水准仪

打开三脚架并使高度适中，目测使架头大致水平，检查脚架腿是否安置稳固，脚架伸缩螺旋是否拧紧，然后打开仪器箱取出水准仪，置于三脚架头上用连接螺旋将仪器牢固地固连在三脚架头上。

2. 粗略整平

粗平是借助圆水准器的气泡居中，使仪器竖轴大致铅垂，从而视准轴粗略水平。在整平的过程中，气泡的移动方向与左手大拇指运动的方向一致。

3. 瞄准水准尺

首先进行目镜对光，即把望远镜对着明亮的背景，转动目镜对光螺旋，使十字丝清晰。再松开制动螺旋，转动望远镜，用望远镜筒上的照门和准星瞄准水准尺，拧紧制动螺旋。然后从望远镜中观察；转动物镜对光螺旋进行对光，使目标清晰，再转动微动螺旋，使竖丝对准水准尺。

当眼睛在目镜端上下微微移动时，若发现十字丝与目标影像有相对运动，这种现象称为视差。产生视差的原因是目标成像的平面和十字丝平面不重合。由于视差的存在会影响到读数的正确性，必须加以消除。消除的方法是重新仔细地进行物镜对光，直到眼睛上下移动，读数不变为止。此时，从目镜端见到十字丝与目标的像都十分清晰。

4. 精平和读数

眼睛通过位于目镜左方的符合气泡观察窗看水准管气泡，右手转动微倾螺旋，使气泡两端的像吻合，即表示水准仪的视准轴已精确水平。这时，即可用十字丝的中丝在尺上读数。现在的水准仪有倒像和正像望远镜两种，因此读数时应从小往大，即从上往下读。先估读毫米数，然后报出全部读数。

精平和读数虽是两项不同的操作步骤，但在水准测量的实施过程中，却把两项操作视为一个整体；即精平后再读数，读数后还要检查管水准气泡是否完全符合。只有这样，才能取得准确的读数。

6.3 水准测量外业工作

1. 水准点及水准测量路线形式

为了统一全国的高程系统和满足各种测量的需要，测绘部门在全国各地埋设并测定了很多高程点，这些点称为水准点(Bench Mark)，简记为 BM。水准测量通常是从水准点引测其他点的高程。水准点有永久性和临时性两种。

国家等级水准点一般用石料或钢筋混凝土制成，深埋到地面冻结线以下。在标石的顶面设有用不锈钢或其他不易锈蚀材料制成的半球状标志。有些水准点也可设置在稳定的墙脚上，称为墙上水准点。

建筑工地上，永久性水准点一般用混凝土或钢筋混凝土制成；临时性的水准点可用地面上突出的坚硬岩石或用大木桩打入地下，桩顶钉以半球形铁钉。

埋设水准点后，应绘出水准点与附近固定建筑物或其他地物的关系图，在图上还要写明水准点的编号和高程，称为点之记，以便于日后寻找水准点位置之用。水准点编号前通常加 BM 字样，作为水准点的代号。

水准测量路线形式主要有：附合水准路线、闭合水准路线和支水准路线。

2. 水准测量的实施

当欲测的高程点距水准点较远或高差很大时，就需要连续多次安置仪器以测出两点的高差。为测 A、B 点高差，在 AB 线路上增加 1、2、3、4…等中间点，将 AB 高差分成若干个水准测站。其中间点仅起到传递高程的作用，称为转点(Turning Point)，简写为 TP。转点无固定标志，无需算出高程。

显然，每安置一次仪器，便可测得一个高差，即：

$$h_1 = a_1 - b_1$$

$$h_2 = a_2 - b_2$$

……………

$$h_n = a_n - b_n$$

将各式相加，得：

$$\sum h = \sum a - \sum b$$

则 B 点的高程为：

$$H_B = H_A + \sum h$$

3. 水准测量的检核

(1)计算检核

B点对A点的高差等于各转点之间高差的代数和，也等于后视读数之和减去前视读数之和，因此，此式可用来作为计算的检核。但计算检核只能检查计算是否正确，不能检核观测和记录时是否产生错误。

(2)测站检核

B点的高程是根据A点的已知高程和转点之间的高差计算出来。若其中测错任何一个高差，B点高程就不会正确。因此，对每一站的高差，都必须采取措施进行检核测量。

① 变动仪器高法

同一测站用两次不同的仪器高度，测得两次高差以相互比较进行检核。

② 双面尺法

仪器高度不变，立在前视点和后视点上的水准尺分别用黑面和红面各进行一次读数，测得两次高差，相互进行检核。

(3)成果检核

测站检核只能检核一个测站上是否存在错误或误差超限。因温度、风力、大气折光等其他外界条件以及尺垫下沉和仪器下沉引起的误差，标尺倾斜和估读的误差，水准仪本身的误差等常常存在，虽然这些误差在一个测站上反映不是很明显，但随着测站数的增多使误差积累，有时也会超过规定的限差。所以要进行：(1)附合水准路线检核；(2)闭合水准路线检核；(3)支水准路线检核。

6.4 水准测量内业工作

水准测量外业结束后，要先检查水准测量记录，再计算各点间的高差；经检核无误后，才能进行计算和调整高差闭合差；最后计算各点的高程。

1. 附合水准路线闭合差的计算、调整和成果计算

(1)高差闭合差的计算

$$f_h = \sum h - (H_B - H_A)$$

高差闭合差可用来衡量测量成果的精度。等外水准测量的高差闭合差的容许值，规定为：

平地　$f_{h容} = \pm 40\sqrt{L}$ (mm)　L 为水准路线长度公里数

山地　$f_{h容} = \pm 12\sqrt{n}$ (mm)　n 为测站数

(2)闭合差的调整

在同一条水准路线上，假设观测条件是相同的，可认为各站产生的误差机会是相同的，故闭合差的调整按与测站数(或距离)成正比反符号分配的原则进行。

$$V_i = -f_h / \sum n$$

$$h_i' = h_i + V_i$$

式中：V_i 为分配给第 i 测段观察高差 h_i 上的改正数。

(3)高程计算

$$H_{i+1} = H_i + h_i'$$

2. 闭合水准路线闭合差的计算与调整

闭合水准路线各段高差的代数和应等于零，即：

$$\sum h = 0$$

由于存在着测量误差，必然产生高差闭合差：

$$f_h = \sum h$$

闭合水准路线高差闭合差的调整方法、容许值的计算，均与附合水准路线相同。

6.5　水准测量误差分析

1. 仪器误差

(1)仪器校正后的残余误差

I 角校正残余误差，这种影响与距离成正比，只要观测时注意前、后视距离相等，可消除或减弱此项的影响。

(2)水准尺误差

由于水准尺刻划不准确，尺长变化、弯曲等影响，水准尺必须经过检验才能使用。标尺的零点差可在一水准段中使测站为偶数的方法予以消除。

2. 观测误差

(1)水准管气泡居中误差

设水准管分划值为 τ''，居中误差一般为 $\pm 0.15\tau''$。采用符合式水准器时，气泡居中精度可提高 1 倍，故居中误差为：

$$m_\tau = \pm \frac{0.15\tau''}{2 \cdot \rho''} \cdot D$$

式中：D 为水准仪至水准尺的距离，$\rho'' = 206205''$。

(2)读数误差

在水准尺上估读毫米数的误差，与人眼的分辨能力、望远镜的放大倍率以及视线长度有关，通常按下式计算

$$m_V = \pm \frac{60''}{V} \cdot \frac{D}{\rho''}$$

式中:V 为望远镜放大的倍率。

(3)视差影响

当视差存在时,十字丝平面与水准尺影像不重合,若眼睛观察的位置不同,便读出不同的读数,因而也会产生读数误差。

(4)水准尺倾斜影响

水准尺倾斜将使尺上读数增大。

3. 外界条件的影响

(1)仪器下沉

由于仪器下沉,使视线降低,从而引起高差误差。采用“后、前、前、后”的观测程序,可减弱其影响。

(2)尺垫下沉

如果在转点发生尺垫下沉,将使下一站后视读数增大。采用往返观测,取平均值的方法可以减弱其影响。

(3)地球曲率及大气折光影响

用水平视线代替大地水准面地尺上读数产生的误差为 C,则

$$C=\frac{D^2}{2R}$$

式中:R 为地球的半径,$R=6371\text{km}$。

由于大气折光,视线并非是水平,而是一条曲线,曲线的曲率半径为地球半径的7倍,其折光量的大小对水准读数产生的影响为:

$$r=\frac{D^2}{2\times 7R}$$

折光影响与地球曲率影响之和为:

$$f=C-r=\frac{D^2}{2R}-\frac{D^2}{14R}=0.43\frac{D^2}{R}$$

如果前视水准尺和后视水准尺到测站的距离相等,则在前视读数和后视读数中含有相同的 f,这样在高差中就没有这个误差的影响了。因此,放测站时要尽量“前后视相等”。

接近地面的空气温度不均匀,所以空气的密度也不均匀。光线在密度不匀的介质中沿曲线传布。这称为“大气折光”。总体上说,白天近地面的空气温度高,密度低,弯曲的光线凹面向上;晚上近地面的空气温度低,密度高,弯曲的光线凹面向下。接近地面的温度梯度大,大气折光的曲率大。由于空气的温度变化很大并且一直处于变动之中,所以很难描述折光的规律。对策是避免用接近地面的视线工作,尽量抬高视线,用前后视等距的方法进行水准测量。

除了规律性的大气折光以外,还有不规律的部分,白天近地面的空气受热膨胀而上升,较冷的空气下降补充。因此,这里的空气处于频繁的运动之中,形成不规则

的湍流。湍流会使视线抖动，从而增加读数误差。对策是夏天中午一般不做水准测量。在沙地、水泥地等湍流强的地区，一般只在上午 10 点之前作水准测量。高精度的水准测量也只在上午 10 点之前进行。

(4)温度对仪器的影响

温度会引起仪器的部件涨缩，从而可能引起视准轴的构件(物镜，十字丝和调焦镜)相对位置的变化，或者引起视准轴相对于水准管轴位置的变化。由于光学测量仪器是精密仪器，不大的位移量可能使轴线产生几秒偏差，从而使测量结果的误差增大。

不均匀的温度对仪器的性能影响尤其大。例如从前方或后方日光照射水准管，就能使气泡“趋向太阳”——水准管轴的零位置改变了。

温度的变化不仅引起大气折光的变化，而且当烈日照射水准管时，由于水准管本身和管内液体温度升高，气泡向着温度高的方向移动，影响仪器的水平，会产生气泡居中误差，所以观测时应注意撑伞遮阳。

6.6 水准测量记录表格

1. 普通(图根)水准测量记录

实验数据记入表 6-1，并进行高差计算，确保高差总和无误。

表 6-1 水准测量记录

日期　　天气　　班级　　小组

仪器型号　　观测者　　记录者

测站	测点	后视读数 a	前视读数 b	高差		高程 H	备注
				+	−		
$\sum$							

2. 待定点高程计算表格

根据表 6－1 计算，填入表 6－2，求待定点高程。

表 6－2 待定点高程计算

点号	距离	测站数	高差(m)			高程 H	备注
			观测值	改正数	平差值		
辅助计算							

3. 闭合水准测量路线成果计算表

表 6－3 闭合水准测量成果计算表

水准测量成果整理

测点	距离 D (m)	测站数 n	实测高差 h (m)	改正数 V (m)	改正后高差 (m)	最后高差 H (m)
$\sum$						

思考题

1. 水准测量时，采用“前后视相等”，可以消除哪些误差？
2. 试述管水准器和圆水准器的区别。

第7章

图根平面控制(导线)测量

[本章导读]

在小地区建立平面控制网时,一般是与该地区已由大地控制网或城市控制网连测,以取得起算数据,进行控制网的定位和定向。小地区的地形图测绘,平面控制网常采用导线测量的方式。

将测区内相邻控制点连成直线而构成的折线,称为导线。这些控制点,称为导线点。导线测量就是依次测定各导线边的长度和各转折角值;根据起算数据,推算各边的坐标方位角,从而求出各导线点的坐标。

用经纬仪测量转折角,用钢尺测定边长的导线,称为经纬仪导线;若用光电测距仪测定导线边长,则称为电磁波测距导线。

[知识目标]

1. 熟悉导线测量的三种主要形式,并掌握闭合导线、附合导线坐标计算。
2. 能准确填写导线测量外业记录表格。

[能力目标]

熟练掌握测回法观测水平角的方法和步骤。

[重点难点]

图根闭合导线点坐标计算。

导线测量是建立小地区平面控制网常用的一种方法，特别是地物分布较复杂的建筑区、视线障碍较多的隐蔽区和带状地区，多采用导线测量的方法。根据测区的不同情况和要求，导线可布设成下列三种形式：

(1)闭合导线

起讫于同一已知点的导线，称为闭合导线。

(2)附合导线

布设在两已知点间的导线，称为附合导线。

(3)支导线

由一已知点和一已知边的方向出发，既不附合到另一已知点，又不回到原起始点的导线，称为支导线。

用导线测量方法建立小地区平面控制网，通常分为一级导线、二级导线、三级导线和图根导线等几个等级。导线测量的主要技术要求参见《工程测量规范》(GB50026－93)。详见附录1。

7.1 导线测量外业

导线测量的外业工作包括：踏勘选点及建立标志、测距、测角和连测。

1. 踏勘选点及建立标志

选点前，应调查搜集测区已有地形图和高一级的控制点的成果资料，把控制点展绘在地形图上，然后在地形图上拟定导线的布设方案，最后到野外去踏勘，实地核对、修改、落实点位和建立标志。如果测区没有地形图资料，则需详细踏勘现场，根据已知控制点的分布、测区地形条件及测图和施工需要等具体情况，合理地选定导线点的位置。

(1)选点

实地选点时应注意下列几点：

① 相邻点间通视良好，地势较平坦，便于测角和量距。

② 点位应选在土质坚实处，便于保存标志和安置仪器。

③ 视野开阔，便于施测碎部。

④ 导线各边的长度应大致相等，除特殊情形外，应不大于350m，也不宜小于50m。

⑤ 导线点应有足够的密度，分布较均匀，便于控制整个测区。

(2)建立标志

导线点选定后，要在每一点位上打一大木桩，其周围浇灌一圈混凝土，桩顶钉一小钉，作为临时性标志；若导线点需要保存的时间较长，就要埋设混凝土桩或石桩，桩顶刻"十"字，作为永久性标志。短期地形图测绘实习，可采用油漆作标记。导线点应统一编号。为了便于寻找，应量出导线点与附近固定而明显的地物点的距离，绘制草图，注明尺寸，称为"点之记"。

2. 测距

导线边长可用光电测距仪测定，测量时要同时观测竖直角，供倾斜改正之用。

若用钢尺丈量，钢尺必须经过检定。对于一、二、三级导线，应按钢尺量距的精密方法进行丈量。对于图根导线，用一般方法往返丈量或同一方向丈量两次；当尺长改正数大于 1/10000 时，应加尺长改正；量距时平均尺温与检定时温度相差 10℃ 时，应进行温度改正；尺面倾斜大于 1.5% 时，应进行倾斜改正；取其往返丈量的平均值作为成果，并要求其相对误差不大于 1/3000。

3. 测角与测回法观测水平角方法、步骤

用测回法施测导线左角(位于导线前进方向左侧的角)或右角(位于导线前进方向右侧的角)。一般在附合导线中，测量导线左角，在闭合导线中均测内角。若闭合导线按反时针方向编号，则其左角就是内角。图根导线，一般用 DJ6 级光学经纬仪测一个测回。若盘左、盘右测得角值的角差不超过 40″，则取其平均值。

测角时，为了便于瞄准，可在已埋设的标志上用三根竹竿吊一个大垂球，或用测钎、觇牌作为照准标志。瞄准目标时，尽可能瞄准其底部。同一测回观测时，切勿误动度盘变换手轮或复测扳手。

(1)测回法测水平角

①度盘配置

设共测 n 个测回，则第一个测回的度盘位置为略大于 $(i-1)\dfrac{180}{n}$。若测两个测回，根据公式计算第一测回起始读数稍大于 0°，第二测回起始读数稍大于 90°。

② 一测回观测

盘左：瞄准左边目标 A，进行读数记 a_1，顺时针方向转动照准部，瞄准右边目标 B，进行读数记 b_1，计算上半测回角值 $\beta_{左}=b_1-a_1$。

盘右：瞄准右目标 B，进行读数记 b_2，逆时针方向转动照准部，瞄准目标 A，进行读数记 a_2，计算下半测回角值 $\beta_{右}=b_2-a_2$。

检查上、下半测回角值互差是否超限，计算一测回角值 $\beta=\dfrac{1}{2}(\beta_{左}+\beta_{右})$。

(2)检查计算

测站观测完毕后，检查各测回角值互差不超过 ±24″，然后计算各测回的平均角值。

4. 连测

导线与高级控制点连接，必须观测连接角、连接边，作为传递坐标方位角和坐标之用。如果附近无高级控制点，则应用罗盘仪施测导线起始边的磁方位角，并假定起始点的坐标作为起算数据。

7.2 导线测量内业计算

导线测量内业计算的目的就是计算各导线点的坐标。计算之前，应全面检查导线测量外业记录，数据是否齐全，有无记错、算错，成果是否符合精度要求，起算数据是否准确。然后绘制导线略图，把各项数据注于图上相应位置。

1. 内业计算中数字取位的要求

内业计算中数字的取位，对于四等以下的小三角及导线，角值取至秒，边长及坐标取至毫米(mm)。

2. 闭合导线坐标计算

(1)准备工作

将校核过的外业观测数据及起算数据填入“闭合导线坐标计算表”,起算数据用双线标明。

(2)角度闭合差的计算与调整

$$\sum \beta_{测}=(n-2)\cdot 180°$$

由于观测角不可避免地含有误差,致使实测的内角之和不等于理论值,而产生角度闭合差

$$f_{\beta}=\sum \beta_{测}-\sum \beta_{理}$$

各级导线角度闭合差的容许值超过,则说明所测角度不符合要求,应重新检测角度。若不超过,可将闭合差反符号平均分配到各观测角中。改正后之内角和应为$(n-2)\times 180°$,以作计算校核。

(3)用改正后的导线左角或右角推算各边的坐标方位角

根据起始边的已知坐标方位角及改正角按下列公式推算其他各导线边的坐标方位角。

$\alpha_{前}=\alpha_{后}+\beta_{左}-180°$(适用于测左角)

$\alpha_{前}=\alpha_{后}-\beta_{左}+180°$(适用于测右角)

在推算过程中必须注意:

① 如果算出的$\alpha_{前}>360°$,则应减去360°。

② 如果$\alpha_{前}<0°$,则应加360°。

③ 闭合导线各边坐标方位角的推算,最后推算出起始边坐标方位角,它应与原有的已知坐标方位角值相等,否则应重新检查计算。

④ 坐标增量的计算及其闭合差的调整

坐标增量的计算:

$$\Delta x_{12}=D_{12}\cdot \cos\alpha_{12}$$

$$\Delta y_{12}=D_{12}\cdot \sin\alpha_{12}$$

坐标增量闭合差的调整:

闭合导线纵、横坐标增量代数和的理论值应为零,实际上由于量边的误差和角度闭合差调整后的残余误差,往往不等于零,而产生纵坐标增量闭合差与横坐标增量闭合差,即:

$$f_x=\sum \Delta x_{纵}$$

$$f_y=\sum \Delta y_{横}$$

导线全长闭合差为:

$$f_D=\sqrt{f_x^2+f_y^2}$$

导线全长相对误差为：

$$K=\frac{f_D}{\sum D}=\frac{1}{\sum D/f_D}$$

坐标增量改正数计算：

$$V_{xi}=-\frac{f_x}{\sum D}\cdot D_i$$

$$V_{yi}=-\frac{f_y}{\sum D}\cdot D_i$$

点坐标推算

$$x_{前}=x_{后}+\Delta x_{改}$$

$$y_{前}=y_{后}+\Delta y_{改}$$

3. 附合导线坐标计算

附合导线的坐标计算步骤与闭合导线相同。仅由于两者形式不同，致使角度闭合差与坐标增量闭合差和计算稍有区别。

$$f_\beta=\alpha_{始}+\sum\beta_{左}-n\cdot180°-\alpha_{终}$$

$$f_x=\sum\Delta x_{测}-(x_{终}-x_{始})$$

$$f_y=\sum\Delta y_{测}-(y_{终}-y_{始})$$

4. 查找导线测量错误的方法

在外业结束时，发现角度闭合差超限，如果仅仅测错一个角度，则可用下法查找测错的角度。

若为闭合导线，可按边长和角度，用一定的比例尺绘出导线图，并在闭合差的中点作垂线。如果垂线通过或接近通过某导线点，则该点发生错误的可能性最大。

若为附合导线，先将两个端点展绘在图上，则分别自导线的两个端点 B、C 按边长和角度绘出两条导线，在两条导线的交点处发生测角错误的可能性最大。

如果误差较小，用图解法难以显示角度测错的点位，则可从导线的两端开始，分别计算各点的坐标，若某点两个坐标值相近，则该点就是测错角度的导线点。

7.3 导线测量外业记录表格

1. 测回法观测水平角记录表

见表 7-1。

表 7－1　测回法测水平角记录表

日期　　　　天气　　　　班级　　　　小组

仪器型号　　　　观测者　　　　记录者

测站	目标	竖盘位置	水平度盘读数	半测回角值	一测回角值	备　注

2. 距离丈量及磁方位角测量记录表

见表 7－2。

表 7－2　距离丈量及磁方位角测量记录表

日期　　　　班级　　　　小组

仪器型号　　　　观测者　　　　记录者　　　　尺长

测段	丈量	整尺段数 n	余长 q	水平长度 $D=nl+q$	平均长度	丈量精度 K	起始边方位角	备注
	往							
	返							
	往							
	返							
	往							
	返							
	往							
	返							
	往							
	返							
起始边方位角								

3. 图根闭合导线点坐标计算表

(1) 填表

由于导线计算数据繁多，为了清晰醒目、方便检查，故一般规定其计算都在专用的表格上进行，如表 7-3 所示。计算之前，首先将示意图中各观测数据和已知数据填入相应表格之中。

表 7-3 闭合导线坐标计算表

点号	观测角	改正数	改正后角度	坐标方位角	距离	坐标增量 (m)		改正后增量 (m)		坐标值 (m)		点号
	° ′ ″	″	° ′ ″	° ′ ″	(m)	$\triangle x'$	$\triangle y'$	$\triangle x$	$\triangle y$	x	y	
总和												
辅助计算												

(2) 角度闭合差的计算与调整

由几何原理得知，多边形内角和的理论值应为：

$$\sum \beta_{理} = (n-2) \times 180°$$

因为测角有误差，所以测得的内角和 $\sum \beta_{测}$ 不等于理论上的内角和 $\sum \beta_{理}$，其差值称为角度闭合差，用 f_β 表示，即：

$$f_\beta = \sum \beta_{测} - \sum \beta_{理} = \sum \beta_{测} - (n-2) \times 180°$$

角度闭合差 f_β 的大小，表明测角精度的高低，对于不同等级的导线，有不同的限差（$f_{\beta允}$）要求，图根导线角度闭合差的允许值为：

$$f_{\beta允} = \pm 60'' \sqrt{n}$$

式中 n 为多边形内角的个数。当图根导线作为测区的首级控制网时，$f_{\beta允}=\pm 40''\sqrt{n}$。这一步计算见辅助计算栏，$f_\beta=-50''$，$f_{\beta允}=\pm 120''$

若 $f_\beta \leqslant f_{\beta允}$，说明测角精度符合要求，可将闭合差按相反符号平均分配给各观测角，而得出改正角：

$$\beta=\beta_{测}-f_\beta/n$$

按$(-f_\beta/n)$式计算的改正数，取位至秒，填入表格第3列。

当 $f_\beta > f_{\beta允}$ 时，则说明测角误差超限，应停止计算，重新检测角度。

(3)坐标方位角计算

根据起始边的坐标方位角及改正角，依次计算各边的坐标方位角，填入第5列。为了检核，最后应重新推算起始边的坐标方位角，它应与已知数值相等。否则，应重新推算。例如

$$\alpha_{23}=\alpha_{12}+180°+\beta_2=125°30'00''+180°+107°48'43''=53°18'43''$$

(4)坐标增量的计算及闭合差调整

坐标增量计算，就是根据已经推算出的导线各边的坐标方位角和相应边的边长，计算各边的坐标增量。

以相对闭合差 K 来衡量导线测量的精度，K 的分母越大，精度越高。不同等级的导线，其允许相对闭合差 $K_{允}$ 不一样，图根导线的 $K_{允}$ 为1/2000。若 K 超过 $K_{允}$，则说明成果不合格，应首先检查内业计算有无错误，然后检查外业观测成果，必要时进行重测。

若 K 不超过 $K_{允}$，则说明符合精度要求，可以进行调整。即将 f_x、f_y反符号，按边长成正比分配到相应边的纵、横坐标增量中去，从而得到改正后的纵、横坐标增量。

(5)计算各导线点的坐标

根据后一点的坐标及改正后的坐标增量，按下式即可推算出前一点的坐标。

$$X_{前}=x_{后}+\Delta x_{改}$$

$$Y_{前}=y_{后}+\Delta y_{改}$$

最后，还应推算出起始点1的坐标，其值应与原有值相等，以作检核。

在导线的全部计算过程中，应坚持步步有检核的原则，后一步未检核合格，不能进行前一步计算工作。

思考题

1. 导线的布设形式有几种？
2. 选择导线点应注意哪些事项？
3. 导线的外业工作包括哪些内容？

第8章

大比例尺地形图测绘基本知识

[本章导读]

本章主要介绍地形图，它是普通地图的一种。地形图是按一定的比例尺，遵循"从整体到局部、先控制后碎部"的原则，用规定的符号表示地物、地貌平面位置和高程的正射投影图。

[知识目标]

1. 熟悉地形图比例尺的基本概念，了解地形图的分幅和编号。
2. 掌握地物的定义，熟悉常见的地物符号。
3. 掌握等高线的基本概念。
4. 掌握视距测量的原理、观测与计算。
5. 掌握地形图的测绘。

[能力目标]

1. 熟悉地形图测图前的准备工作。
2. 合理地选择碎部点，并熟练掌握经纬仪测绘法。

[重点难点]

1. 经纬仪测回法的操作步骤及注意事项。
2. 地物、地貌的基本概念。

本章主要介绍地形图，它是普通地图的一种。地形图是按一定的比例尺，用规定的符号表示地物、地貌平面位置和高程的正射投影图。

8.1 地形图的比例尺

地形图上任意一线段的长度与地面上相应线段的实际水平长度之比，称为地形图的比例尺。

1. 比例尺的种类

(1)数字比例尺

数字比例尺一般用分子为1的分数形式表示。设图上某一直线的长度为 d，地面上相应线段的水平长度为 D，则图的比例尺为：

$$\frac{d}{D}=\frac{1}{D/d}=\frac{1}{M}$$

式中 M 为比例尺分母。当图上 1cm 代表地面上水平长度 10m(即 1000cm)时比例尺就是1∶1000。由此可见，分母 1000 就是将实地水平长度缩绘在图上的倍数。

比例尺的大小是以比例尺的比值来衡量的，分数值越大(分母 M 越小)，比例尺越大。为了满足经济建设和国防建设的需要，测绘和编制了各种不同比例尺的地形图。通常称

1∶1000000、1∶500000、1∶200000 为小比例尺地形图；

1∶100000、1∶50000 和 1∶25000 为中比例尺地形图；

1∶10000、1∶5000、1∶2000、1∶1000 和 1∶500 为大比例尺地形图。

土木工程类各专业通常使用大比例尺地形图。按照地形图图式规定，比例尺书写在图幅下方正中处(如图 8-1 所示)。

(2)图示比例尺

为了用图方便，以及减弱由于图纸伸缩而引起的误差，因而绘制地形图时常在图上绘制图示比例尺。1∶1000 的图示比例尺，绘制时先在图上绘两条平行线，再把它分成若干相等的线段，称为比例尺的基本单位，一般为 2cm；将左端的一段基本单位又分成十等分，每等分的长度相当于实地 2m。而每一基本单位所代表的实地长度为 2cm×1000＝20m。

2. 比例尺的精度

一般认为，人的肉眼能分辨的图上最小距离是 0.1mm，因此通常把图上 0.1mm 所表示的实地水平长度，称为比例尺的精度。根据比例尺的精度，可以确定在测图时量距应准确到什么程度，例如，测绘 1∶1000 比例尺地形图时，其比例尺的精度为 0.1m，故量距的精度只需 0.1m，小于 0.1mm 在图上表示不出来。另外，当设计规定需在图上能量出的实地最短长度时，根据比例尺的精度，可以确定测图比例尺。比例尺越大，表示地物和地貌的情况越详细，精度越高。

8.2 地形图的分幅和编号

1. 地形图的分幅方法

为了便于管理和使用地形图，需要将各种比例尺的地形图进行统一的分幅和编号。地形图分幅和编号的方法分为两类：一类是按经纬线分幅的梯形分幅法（又称为国际分幅），另一类是按坐标格网分幅的矩形分幅法。本书仅介绍常用的矩形分幅法。

2. 地形图的矩形分幅与编号

大比例尺地形图的图幅通常采用矩形分幅，它是按统一的直角坐标格网划分的。采用矩形分幅时，大比例尺地形图的编号，一般采用图幅西南角坐标公里数编号法。其西南角的坐标 $x=8300.0$km，$y=150.0$km，则其图幅编号为“8300.0—150.0”。编号时，比例尺为 1∶500 地形图，坐标值取至 0.01km，而 1∶1000、1∶2000 地形图取至 0.1km。表 8-1 为 1∶500、1∶1000、1∶2000 和 1∶5000 各种比例尺图的分幅情况。

表 8-1 不同比例尺图幅情况

比例尺	图幅大小(平方厘米)	实地面积(平方公里)	一幅 1/5000 图中所包含该比例尺图幅数
1∶5000	40×40	4	1
1∶2000	50×50	1	4
1∶1000	50×50	0.25	16
1∶500	50×50	0.0625	64

某些工矿企业和城镇，面积较大，而且测绘有几种不同比例尺的地形图，编号时是以 1∶5000 比例尺图为基础，并作为包括在本图幅中的较大比例尺图幅的基本图号。例如，某 1∶5000 图幅西南角的坐标值 $x=20$km，$y=10$km，则其图幅编号为“20—10”。这个图号将作为该图幅中的较大比例尺所有图幅的基本图号。也就是在 1∶5000 图号的末尾分别加上罗马字Ⅰ、Ⅱ、Ⅲ、Ⅳ，就是 1∶2000 比例尺图幅的编号。同样，在 1∶2000 图幅编号的末尾分别再加上Ⅰ、Ⅱ、Ⅲ、Ⅳ，就是 1∶1000 图幅的编号，在 1∶1000 比例尺的图号末尾再加上Ⅰ、Ⅱ、Ⅲ、Ⅳ，就是 1∶500 图幅的编号。

8.3 地形图图外注记

1. 图名和图号

图名即本幅图的名称，是以所在图幅内最著名的地名、厂矿企业和村庄的名称来命名的。为了区别各幅地形图所在的位置关系，每幅地形图上都编有图号。图号是根据地形图分幅和编号方法编定的，并把它标注在北图廓上方的中央（如图 8-1

所示)。

2. 接图表

说明本图幅与相邻图幅的关系,供索取相邻图幅时用。通常是中间一格画有斜线的代表本图幅,四邻分别注明相应的图号(或图名),并绘注在图廓的左上方(见图8-1)。在中比例尺各种图上,除了接图表以外,还把相邻图幅的图号分别注在东、西、南、北图廓线中间,进一步表明与四邻图幅的相互关系。

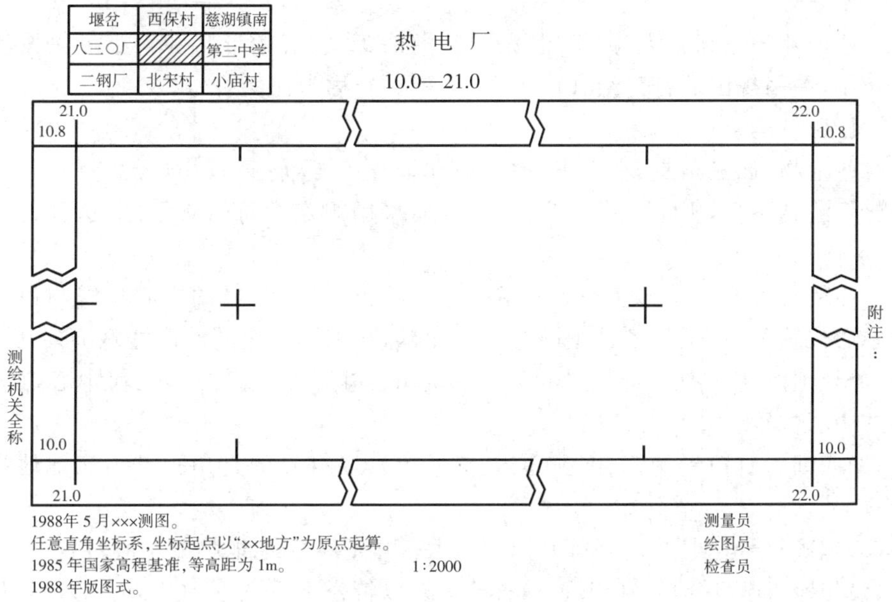

图8-1 图幅的联系

3. 图廓

图廓是地形图的边界,矩形图幅只有内、外图廓之分。内图廓就是坐标格网线,也是图幅的边界线。在内图廓外四角处注有坐标值,并在内廓线内侧,每隔10cm绘有5mm的短线,表示坐标格网线的位置。在图幅内绘有每隔10cm的坐标格网交叉点。外图廓是最外边的粗线。

在城市规划以及给排水线路等设计工作中,有时需用1∶10000或1∶25000的地形图。这种图的图廓有内图廓、分图廓和外图廓之分。内图廓是经线和纬线,也是该图幅的边界线。内、外图廓之间为分图廓,它绘成为若干段黑白相间的线条,每段黑线或白线的长度,表示实地经差或纬差1′。分图廓与内图廓之间,注记了以公里为单位的平面直角坐标值。

4. 三北方向关系图

在中、小比例尺图的南图廓线的右下方,还绘有真子午线、磁子午线和坐标纵轴(中央子午线)方向这三者之间的角度关系,称为三北方向图。利用该关系图,可对图上任一方向的真方位角、磁方位角和坐标方位角三者间作相互换算。此外,在南、北内图廓线上,还绘有标志点 P 和 P',该两点的连线即为该图幅的磁子午线方向,有了它利用罗盘可将地形图进行实地定向。

8.4 地物符号

地形是地物和地貌的总称。地物是地面上天然或人工形成的物体，如湖泊、河流、房屋、道路等。地面上的地物和地貌，应按国家测绘总局颁发的《地形图图式》中规定的符号表示于图上。地物符号参见附录2。

1. 比例符号

有些地物的轮廓较大，如房屋、稻田和湖泊等，它们的形状和大小可以按测图比例尺缩小，并用规定的符号绘在图纸上，这种符号称为比例符号。

2. 非比例符号

有些地物，如三角点、水准点、独立树和里程碑等，轮廓较小，无法将其形状和大小按比例绘到图上，则不考虑其实际大小，而采用规定的符号表示之，这种符号称为非比例符号。

非比例符号不仅其形状和大小不按比例绘出，而且符号的中心位置与该地物实地的中心位置关系，也随各种不同的地物而异，在测图和用图时应注意下列几点：

(1)规则的几何图形符号(圆形、正方形、三角形等)，以图形几何中心点为实地地物的中心位置。

(2)底部为直角形的符号(独立树、路标等)，以符号的直角顶点为实地地物的中心位置。

(3)宽底符号(烟囱、岗亭等)，以符号底部中心为实地地物的中心位置。

(4)几种图形组合符号(路灯、消火栓等)，以符号下方图形的几何中心为实地地物的中心位置。

(5)下方无底线的符号(山洞、窑洞等)，以符号下方两端点连线的中心为实地地物的中心位置。各种符号均按直立方向描绘，即与南图廓垂直。

3. 半比例符号(线形符号)

对于一些带状延伸地物(如道路、通讯线、管道、垣栅等)，其长度可按比例尺缩绘，而宽度无法按比例尺表示的符号称为半比例符号。这种符号的中心线，一般表示其实地地物的中心位置，但是城墙和垣栅等，地物中心位置在其符号的底线上。

4. 地物注记

用文字、数字或特有符号对地物加以说明者，称为地物注记。诸如城镇、工厂、河流、道路的名称；桥梁的长宽及载重量；江河的流向、流速及深度；道路的去向及森林、果树的类别等，都以文字或特定符号加以说明。但是，当等高距过小时，图上的等高线过于密集，将会影响图面的清晰醒目。因此，在测绘地形图时，等高距的大小是根据测图比例尺与测区地形情况来确定的。

8.5 地貌符号——等高线

地貌是指地表面的高低起伏状态，它包括山地、丘陵和平原等。在图上表示地貌的方法很多，而测量工作中通常用等高线表示，因为用等高线表示地貌，不仅能表示地面的起伏形态，并且还能表示出地面的坡度和地面点的高程。本节讨论用等高线表示地貌的方法。

1. 等高线的概念

等高线是地面上高程相同的点所连接而成的连续闭合曲线。设有一座位于平静湖水中的小山头，山顶被湖水恰好淹没时的水面高程为 100m。然后水位下降 5m，露出山头，此时水面与山坡就有一条交线，而且是闭合曲线，曲线上各点的高程是相等的，这就是高程为 95m 的等高线。随后水位又下降 5m，山坡与水面又有一条交线，这就是高程为 90m 的等高线。依次类推，水位每降落 5m，水面就与地表面相交留下一条等高线，从而得到一组高差为 5m 的等高线。设想把这组实地上的等高线沿铅垂线方向投影到水平面 H 上，并按规定的比例尺缩绘到图纸上，就得到用等高线表示该山头地貌的等高线图。

2. 等高距和等高线平距

相邻等高线之间的高差称为等高距，常以 h 表示。在同一幅地形图上，等高距是相同的。相邻等高线之间的水平距离称为等高线平距，常以 d 表示。因为同一张地形图内等高距是相同的，所以等高线平距 d 的大小直接与地面坡度有关。等高线平距越小，地面坡度就越大；平距越大，则坡度越小；坡度相同，平距相等。因此，可以根据地形图上等高线的疏、密来判定地面坡度的缓、陡。同时还可以看出：等高距越小，显示地貌就越详细；等高距越大，显示地貌就越简略。还有某些特殊地貌，如冲沟、滑坡等，其表示方法参见地形图图式（参见附录 3）。

3. 典型地貌的等高线

地面上地貌的形态是多样的，对它进行仔细分析后，就会发现它们不外是几种典型地貌的综合。了解和熟悉用等高线表示典型地貌的特征，将有助于识读、应用和测绘地形图。典型地貌有：

(1)山丘和洼地(盆地)

山丘和洼地的等高线都是一组闭合曲线。在地形图上区分山丘或洼地的方法是：凡是内圈等高线的高程注记大于外圈者为山丘，小于外圈者为洼地。如果等高线上没有高程注记，则用示坡线来表示。

示坡线是垂直于等高线的短线，用以指示坡度下降的方向。示坡线从内圈指向外圈，说明中间高，四周低，为山丘。示坡线从外圈指向内圈，说明四周高，中间低，故为洼地。

(2)山脊和山谷

山脊是沿着一个方向延伸的高地。山脊的最高棱线称为山脊线。山脊等高线表现为一组凸向低处的曲线。

山谷是沿着一个方向延伸的洼地，位于两山脊之间。贯穿山谷最低点的连线称为山谷线。山谷等高线表现为一组凸向高处的曲线。

山脊附近的雨水必然以山脊线为分界线，分别流向山脊的两侧，因此，山脊又称分水线。而在山谷中，雨水必然由两侧山坡流向谷底，向山谷线汇集，因此，山谷线又称集水线。

(3)鞍部

鞍部是相邻两山头之间呈马鞍形的低凹部位。鞍部往往是山区道路通过的地方，也是两个山脊与两个山谷会合的地方。鞍部等高线的特点是在一圈大的闭合曲线内，套有两组小的闭合曲线。

(4)陡崖和悬崖

陡崖是坡度在70°以上的陡峭崖壁，有石质和土质之分。

悬崖是上部突出，下部凹进的陡崖，这种地貌的等高线出现相交。俯视时隐蔽的等高线用虚线表示。

4. 等高线的分类

(1)首曲线

在同一幅图上，按规定的等高距描绘的等高线称首曲线，也称基本等高线。它是宽度为0.15mm的细实线。

(2)计曲线

为了读图方便，凡是高程能被5倍基本等高距整除的等高线加粗描绘，称为计曲线。

(3)间曲线和助曲线

当首曲线不能显示地貌的特征时，按二分之一基本等高距描绘的等高线称为间曲线，在图上用长虚线表示；有时为显示局部地貌的需要，可以按四分之一基本等高距描绘的等高线，称为助曲线。一般用短虚线表示。

5. 等高线的特性

(1)同一条等高线上各点的高程都相等。

(2)等高线是闭合曲线，如不在本图幅内闭合，则必在图外闭合。

(3)除在悬崖或绝壁处外，等高线在图上不能相交或重合。

(4)等高线的平距小，表示坡度陡，平距大表示坡度缓，平距相等则坡度相等。

(5)等高线与山脊线、山谷线成正交。

控制测量工作结束后，就可根据图根控制点测定地物、地貌特征点的平面位置和高程，并按规定的比例尺和符号缩绘成地形图。测绘地形图的方法有经纬仪测绘法、光电测距仪测绘法、小平板仪与经纬仪联合测绘法和摄影测量方法等。高校学生在地形图测绘实习中常用经纬仪测绘法。

8.6 测图前的准备工作

测图前，除做好仪器、工具及资料的准备工作外，还应着重做好测图板的准备工作。它包括图纸的准备，绘制坐标格网及展绘控制点等工作。

1. 图纸准备

为了保证测图的质量，应选用质地较好的图纸。对于临时性测图，可将图纸直接固定在图板上进行测绘；对于需要长期保存的地形图，为了减少图纸变形，应将图纸裱糊在锌板、铝板或胶合板上。

目前，大多采用聚酯薄膜，其厚度为0.07～0.1mm，表面经打毛后，便可代替图纸用来测图。聚酯薄膜具有透明度好、伸缩性小、不怕潮湿、牢固耐用等优点。如果表面不清洁，还可用水洗涤，并可直接在底图上着墨复晒蓝图。但聚酯薄膜有易燃、易折和易老化等缺点，故在使用过程中应注意防火、防折。

2. **绘制坐标格网**

为了准确地将图根控制点展绘在图纸上，首先要在图纸上精确地绘制 10cm×10cm 的直角坐标格网。绘制坐标格网可用坐标仪或坐标格网尺等专用仪器工具。

3. **展绘控制点**

展点前，要按图的分幅位置，将坐标格网线的坐标值注在相应格网边线的外侧。展点时，先要根据控制点的坐标，确定所在的方格。将图幅内所有控制点展绘在图纸上，并在点的右侧以分数形式注明点号及高程。最后用比例尺量出各相邻控制点之间的距离，与相应的实地距离比较，其差值不应超过图上 0.3mm。

8.7 视距测量

视距测量是用望远镜内视距丝装置，根据几何光学原理同时测定距离和高差的一种方法。这种方法具有操作方便，速度快，不受地面高低起伏限制等优点。虽然精度较低，但能满足测定碎部点位置的精度要求，因此被广泛应用于碎部测量中。视距测量所用的主要仪器、工具是经纬仪和视距尺。

1. **视距测量原理**

(1)视线水平时的距离与高差公式

欲测定 A、B 两点间的水平距离 D 及高差 h，可在 A 点安置经纬仪，B 点立视距尺，设望远镜视线水平，瞄准 B 点视距尺，此时视线与视距尺垂直。求得上、下视距丝读数之差。上、下丝读数之差称为视距间隔或尺间隔 l。K 为视距常数，通常为 100。

$$D=Kl$$

(2)视线倾斜时的距离与高差公式

在地面起伏较大的地区进行视距测量的，必须使视线倾斜才能读取视距间隔。由于视线不垂直于视距尺，故不能直接应用上述公式。而采用下列公式计算。式中 α 为竖直角，即实际倾斜线与水平视线之间的夹角；i 为仪器高，即标志点到仪器横轴的高度；v 为瞄准目标高，即十字丝中丝在标尺上的读数。

$$D=Kl\cdot\cos^2\alpha$$

$$h=\frac{1}{2}Kl\cdot\sin2\alpha+i-v$$

2. **视距测量的观测与计算**

施测时，安置仪器于 A 点，量出仪器高 i，转动照准部瞄准 B 点视距尺，分别读取上、下、中三丝的读数，计算视距间隔。再使竖盘指标水准管气泡居中(如为竖盘指标自动补偿装置的经纬仪则无此项操作)，读取竖盘读数，并计算竖直角。用计算器计算出水平距离和高差。

3. **视距测量误差及注意事项**

视距测量的精度较低，在较好的条件下，测距精度约为$\frac{1}{200}$～$\frac{1}{300}$。

(1)视距测量的误差

读数误差用视距丝在视距尺上读数的误差，与尺子最小分划的宽度、水平距离的远近和望远镜放大倍率等因素有关，因此读数误差的大小，将取决于使用仪器的精度以及作业条件的好坏。

垂直折光影响视距尺不同部分的光线是通过不同密度的空气层到达望远镜的，越接近地面的光线受折光影响越显著。经验证明，当视线接近地面在视距尺上读数时，垂直折光引起的误差较大，并且这种误差与距离的平方成比例地增加。

视距尺倾斜误差的影响与竖直角有关，因此尺身倾斜对视距精度的影响很大。

(2)注意事项

① 为减少垂直折光的影响，观测时应尽可能使视线离地面 1m 以上。

② 作业时，要将视距尺竖直，并尽量采用带有水准器的视距尺。

③ 要严格测定视距常数，K 值应在 100±0.1 之内，否则应加以改正。

④ 视距尺一般应是厘米刻划的整体尺。如果使用塔尺应注意检查各节尺的接头是否准确。

⑤ 要在成像稳定的情况下进行观测。

8.8　经纬仪测绘法

碎部测量就是测定碎部点的平面位置和高程。下面分别介绍碎部点的选择和使用经纬仪碎部测量的方法。

1. 碎部点的选择

前已述及碎部点应选地物、地貌的特征点。对于地物，碎部点应选在地物轮廓线的方向变化处，如房角点，道路转折点，交叉点，河岸线转弯点以及独立地物的中心点等。连接这些特征点，便得到与实地相似的地物形状。由于地物形状极不规则，一般规定主要地物凸凹部分在图上大于 0.4mm 均应表示出来，小于 0.4mm 时，可用直线连接。对于地貌来说，碎部点应选在最能反应地貌特征的山脊线、山谷线等地形线上。如山顶、鞍部、山脊、山谷、山坡、山脚等坡度变化及方向变化处。根据这些特征点的高程勾绘等高线，即可得地貌在图上表示出来。

2. 经纬仪测绘法

经纬仪测绘法的实质是按极坐标定点进行测图，观测时先将经纬仪安置在测站上，绘图板安置于测站旁，用经纬仪测定碎部点的方向与已知方向之间的夹角、测站点至碎部点的距离和碎部点的高程。然后根据测定数据用量角器和比例尺把碎部点的位置展绘在图纸上，并在点的右侧注明其高程，再对照实地描绘地形。此法操作简单、灵活，适用于各类地区的地形图测绘。操作步骤如下：

(1)安置仪器于测站点 A(控制点)上，量取仪器高 i 填入记录表。

(2)定向置水平度盘读数为 $0°00'00''$，后视另一控制点 B。

(3)立尺员依次将尺立在地物、地貌特征点上。立尺前，立尺员应弄清实测范围和实地情况，选定立尺点，并与观测员、绘图员共同商定跑尺路线。

(4)观测转动照准部，瞄准标尺，读视距间隔，中丝读数，竖盘读数及水平角。

(5)记录将测得的视距间隔、中丝读数、竖盘读数及水平角依次填入记录表。对于有特殊作用的碎部点，如房角、山头、鞍部等，应在备注中加以说明。

(6)依据经纬仪上、下丝读数和竖盘读数上的竖直角度，用计算器计算出各碎部点的水平距离和高程。

(7)展绘碎部点用细针将量角器的圆心插在图上测站点 A 处，转动量角器，将量角器上等于水平角值的刻划线对准起始方向线，此时量角器的零方向便是碎部点方向，然后用测图比例尺按测得的水平距离在该方向上定出点的位置，并在点的右侧注明其高程。

同法，测出其余各碎部点的平面位置与高程，绘于图上，并随测随绘等高线和地物。

为了检查测图质量，仪器搬到下一测站时，应先观测前站所测的某些明显碎部点，以检查由两个测站测得该点平面位置和高程是否相同，如相差较大，则应查明原因，纠正错误，再继续进行测绘。

若测区面积较大，可分成若干图幅，分别测绘，最后拼接成全区地形图。为了相邻图幅的拼接，每幅图应测出图廓外 5mm。

3. 碎部测量注意事项

(1)观测人员在读取经纬仪竖盘读数时，要注意检查竖盘指标水准管气泡是否居中；每观测 20～30 个碎部点后，应重新瞄准起始方向检查其变化情况。经纬仪测绘法起始方向度盘读数偏差不得超过 4′，小平板仪测绘时起始方向偏差在图上不得大于 0.3mm。

(2)立尺人员应将标尺竖直，并随时观察立尺点周围情况，弄清碎部点之间的关系，地形复杂时还需绘出草图，以协助绘图人员作好绘图工作。

(3)绘图人员要注意图面正确整洁，注记清晰，并做到随测点，随展绘，随检查。

(4)当每站工作结束后，应进行检查，在确认地物、地貌无错测或漏测时，方可迁站。

4. 碎部测量记录表(经纬仪测绘法碎部测量)

见表 8-2。

表 8-2　碎部测量记录表

日期　　　　　　　　班组　　　　　　　　姓名

测站　　　　　　　　测站高程　　　　　　仪器高

点号	视距(m)	中丝读数	竖盘读数	竖直角	水平角	水平距离	高程

8.9 地形图的绘制

在外业工作中，当碎部点展绘在图上后，就可对照实地随时描绘地物和等高线。如果测区较大，由多幅图拼接而成，还应及时对各图幅衔接处进行拼接检查，经过检查与整饰，才能获得合乎要求的地形图。

1. 地物描绘

地物要按地形图图式规定的符号表示。房屋轮廓需用直线连接起来，而道路、河流的弯曲部分则是逐点连成光滑的曲线。不能依比例描绘的地物，应按规定的非比例符号表示。

2. 等高线勾绘

勾绘等高线时，首先用铅笔轻轻描绘出山脊线、山谷线等地性线，再根据碎部点的高程勾绘等高线。不能用等高线表示的地貌，如悬崖、峭壁、土堆、冲沟、雨裂等，应按图式规定的符号表示。

由于碎部点是选在地面坡度变化处，因此相邻点之间可视为均匀坡度。这样可在两相邻碎部点的连线上，按平距与高差成比例的关系，内插出两点间各条等高线；定出其他相邻两碎部点间等高线应通过的位置。将高程相等的相邻点连成光滑的曲线，即为等高线。

勾绘等高线时，要对照实地情况，先画计曲线，后画首曲线，并注意等高线通过山脊线、山谷线的走向。地形图等高距的选择与测图比例尺和地面坡度有关。

3. 地形图的拼接、检查与整饰

(1)地形图的拼接

测区面积较大时，整个测区必须划分为若干幅图进行施测。这样，在相邻图幅连接处，由于测量误差和绘图误差的影响，无论是地物轮廓线，还是等高线往往不能完全吻合。相邻左、右两图幅相邻边的衔接情况，房屋、河流、等高线都有偏差。拼接时用宽 5.6cm 的透明纸蒙在左图幅的接图边上，用铅笔把坐标格网线、地物、地貌描绘在透明纸上，然后再把透明纸按坐标格网线位置蒙在右图幅衔接边上，同样用铅笔描绘地物和地貌；当用聚酯薄膜进行测图时，不必描绘图边，利用其自身的透明性，可将相邻两幅图的坐标格网线重叠；若相邻处的地物、地貌偏差不超过规定的要求时，则可取其平均位置，并据此改正相邻图幅的地物、地貌位置。

(2)地形图的检查

为了确保地形图质量，除施测过程中加强检查外，在地形图测完后，必须对成图质量作一次全面检查。

① 室内检查

室内检查的内容有：图上地物、地貌是否清晰易读；各种符号注记是否正确，等高线与地形点的高程是否相符，有无矛盾可疑之处，图边拼接有无问题等。如发现错误或疑点，应到野外进行实地检查修改。

② 外业检查

巡视检查根据室内检查的情况，有计划地确定巡视路线，进行实地对照查看。

主要检查地物、地貌有无遗漏；等高线是否逼真合理；符号、注记是否正确等。

仪器设站检查根据室内检查和巡视检查发现的问题，到野外设站检查，除对发现的问题进行修正和补测外，还要对本测站所测地形进行检查，看原测地形图是否符合要求。仪器检查量每幅图一般为10%左右，野外设站检查工作采用电子全站仪进行(全站仪的使用说明见附录6)。

(3)地形图的整饰

当原图经过拼接和检查后，还应清绘和整饰，使用图更加合理、清晰、美观。整饰的顺序是先图内后图外；先地物后地貌；先注记后符号。图上的注记、地物以及等高线均按规定的图式进行注记和绘制，但应注意等高线不能通过注记和地物。最后，应按图式要求写出图名、图号、比例尺、坐标系统及高程系统、施测单位、测绘者及测绘日期等。

思考题

1. 试述碎部点选择的注意事项。
2. 何谓地物？何谓地貌？

附　　录

附录1　《工程测量规范》(节选)

GB50026－2007

1.0.4　工程测量作业所使用的仪器和相关设备，应做到及时检查校正，加强维护保养、定期检修。

1.0.5　对工程中所引用的测量成果资料，应进行检核。

3.3.1　各等级导线测量的主要技术要求，应符合表3.3.1的规定。

表3.3.1　导线测量的主要技术要求

等级	导线长度(km)	平均边长(km)	测角中误差(″)	测距中误差(mm)	测距相对中误差	测回数			方位角闭合差(″)	导线全长相对闭合差
						1″级仪器	2″级仪器	6″级仪器		
三等	14	3	1.8	20	1/150000	6	10	—	$3.6\sqrt{n}$	≤1/55000
四等	9	1.5	2.5	18	1/80000	4	6	—	$5\sqrt{n}$	≤1/35000
一级	4	0.5	5	15	1/30000	—	2	4	$10\sqrt{n}$	≤1/15000
二级	2.4	0.25	8	15	1/14000	—	1	3	$16\sqrt{n}$	≤1/10000
三级	1.2	0.1	12	15	1/7000	—	1	2	$24\sqrt{n}$	≤1/5000

[注]　1. 表中n为测站数。

2. 当测区测图的最大比例尺为1∶1000，一、二、三级导线的导线长度、平均边长可适当放长，但最大长度不应大于表中规定相应长度的2倍。

3.3.2　当导线平均边长较短时，应控制导线边数不超过表3.3.1相应等级导线长度和平均边长算得的边数；当导线长度小于表3.3.1规定长度的1/3时，导线全长的绝对闭合差不应大于13cm。

3.3.5　导线点位的选定，应符合下列规定：

1. 点位应选在土质坚实、稳固可靠、便于保存的地方，视野应相对开阔，便于加密、扩展和寻找。

2. 相邻点之间应通视良好，其视线距障碍物的距离，三、四等不宜小于1.5m；四等以下宜保证便于观测，以不受旁折光的影响为原则。

3. 当采用电磁波测距时，相邻点之间视线应避开烟囱、散热塔、散热池等发热体及强电磁场。

4. 相邻两点之间的视线倾角不宜过大。

5. 充分利用旧有控制点。

3.3.8 水平角观测宜采用方向观测法，并符合下列规定：

1. 方向观测法的技术要求，不应超过表3.3.8的规定。

表3.3.8 水平角方向观测法的技术要求

等级	仪器精度等级	光学测微器两次重合读数之差(″)	半测回归零差(″)	一测回内2C互差(″)	同一方向值各测回较差(″)
四等及以上	1″级仪器	1	6	6	6
	2″级仪器	3	8	13	9
一级及以下	2″级仪器	—	12	18	12
	6″级仪器	—	18	—	24

［注］ 1. 全站仪、电子经纬仪水平角观测时不受光学测微器两次重合读数之差指标的限制。
2. 当观测方向的垂直角超过±3°的范围时，该方向2C互差可按相邻测回同方向进行比较，其值应满足表十一测回内2C互差的限值。

2. 当观测方向不多于3个时，可不归零。

3. 当观测方向多于6个时，可进行分组观测。分组观测应包括两个共同方向(其中一个为共同零方向)。其两组观测角之差，不应大于同等级测角中误差的2倍。分组观测的最后结果，应按等权分组观测进行测站平差。

4 各测回间应配置度盘。度盘配置应符合附录C的规定。

5 水平角的观测值应取各测回的平均数作为测站成果。

3.3.9 三、四等导线的水平角观测，当测站只有两个方向时，应在观测总测回中以奇数测回的度盘位置观测导线前进方向的左角，以偶数测回的度盘位置观测导线前进方向的右角。左右角的测回数为总测回数的一半。但在观测右角时，应以左角起始方向为准变换度盘位置，也可用起始方向的度盘位置加上左角的概值在前进方向配置度盘。

左角平均值与右角平均值之和与360°之差，不应大于本规范表3.3.1中相应等级导线测角中误差的2倍。

3.3.10 水平角观测的测站作业，应符合下列规定：

1. 仪器或反光镜的对中误差不应大于2mm。

2. 水平角观测过程中，气泡中心位置偏离整置中心不宜超过1格。四等及以上等级的水平角观测，当观测方向的垂直角超过±3°的范围时，宜在测回间重新整置气泡位置。有垂直轴补偿器的仪器，可不受此款的限制。

3. 如受外界因素(如震动)的影响，仪器的补偿器无法正常工作或超出补偿器的补偿范围时，应停止观测。

4. 当测站或照准目标偏心时，应在水平角观测前或观测后测定归心元素。测定时，投影示误三角形的最长边，对于标石、仪器中心的投影不应大于5mm，对于照准标志中心的投影不应大于10mm。投影完毕后，除标石中心外，其他各投影中心均应描绘两个观测方向。角度元素应量至15′，长度元素应量至1mm。

3.3.11 水平角观测误差超限时，应在原来度盘位置上重测，并应符合下列规定：

1. 一测回内2C互差或同一方向值各测回较差超限时，应重测超限方向，并联测零方向。

2. 下半测回归零差或零方向的2C互差超限时，应重测该测回。

3. 若一测回中重测方向数超过总方向数的1/3时，应重测该测回。当重测的测回数超过总测回数的1/3时，应重测该站。

3.3.12　首级控制网所联测的已知方向的水平角观测，应按首级网相应等级的规定执行。

3.3.13　每日观测结束，应对外业记录手簿进行检查，当使用电子记录时，应保存原始观测数据，打印输出相关数据和预先设置的各项限差。

3.3.18　各等级控制网边长测距的主要技术要求，应符合表3.3.18的规定。

表3.3.18　测距的主要技术要求

平面控制网等级	仪器精度等级	每边测回数		一测回读数较差(mm)	单程各测回较差(mm)	往返测距较差(mm)
		往	返			
三等	5mm级仪器	3	3	≤5	≤7	$\leqslant 2(a+b\times D)$
	10mm级仪器	4	4	≤10	≤15	
四等	5mm级仪器	2	2	≤5	≤7	
	10mm级仪器	3	3	≤10	≤15	
一级	10mm级仪器	2	—	≤10	≤15	—
二、三级	10mm级仪器	1	—	≤10	≤15	

[注]　(1)测回是指照准目标一次，读数2～4次的过程。(2)困难情况下，边长测距可采取不同时间段测量代替往返观测。

3.3.19　测距作业，应符合下列规定：

1. 测站对中误差和反光镜对中误差不应大于2mm。

2. 当观测数据超限时，应重测整个测回，如观测数据出现分群时，应分析原因，采取相应措施重新观测。

3. 四等及以上等级控制网的边长测量，应分别量取两端点观测始末的气象数据，计算时应取平均值。

4. 测量气象元素的温度计宜采用通风干湿温度计，气压表宜选用高原型空盒气压表；读数前应将温度计悬挂在离开地面和人体1.5m以外阳光不能直射的地方，且读数精确至0.2℃；气压表应置平，指针不应滞阻，且读数精确至50Pa。

5. 当测距边用电磁波测距三角高程测量方法测定的高差进行修正时，垂直角的观测和对向观测高差较差要求，可按本规范第4.3.2条和4.3.3条中五等电磁波测距三角高程测量的有关规定放宽1倍执行。

3.3.20　每日观测结束，应对外业记录进行检查。当使用电子记录时，应保存原始观测数据，打印输出相关数据和预先设置的各项限差。

3.3.21　普通钢尺量距的主要技术要求，应符合表3.3.21的规定。

表 3.3.21　普通钢尺量距的主要技术要求

等级	边长量距较差相对误差	作业尺数	量距总次数	定线最大偏差(mm)	尺段高差较差(mm)	读定次数	估读值至(mm)	温度读数值至(℃)	同尺各次或同段各尺的较差(mm)
二级	1/20000	1～2	2	50	≤10	3	0.5	0.5	≤2
三级	1/10000	1～2	2	70	≤10	2	0.5	0.5	≤3

［注］ 1. 量距边长应进行温度、坡度和尺长改正。

2. 当检定钢尺时，其相对误差不应大于 1/100000。

4.2.1　水准测量的主要技术要求，应符合表 4.2.1 的规定。

表 4.2.1　水准测量的主要技术要求

等级	每千米高差全中误差(mm)	路线长度(km)	水准仪型号	水准尺	观测次数		往返较差、附合或环线闭合差	
					与已知点联测	附合或环线	平地(mm)	山地(mm)
二等	2	—	DSI	因瓦	往返各一次	往返各一次	$4\sqrt{L}$	
三等	6	≤50	DSI	因瓦	往返各一次	往一次	$12\sqrt{L}$	$4\sqrt{n}$
			DS3	双面		往返各一次		
四等	10	≤16	DS3	双面	往返各一次	往一次	$20\sqrt{L}$	$6\sqrt{n}$
五等	15	—	DS3	单面	往返各一次	往一次	$30\sqrt{L}$	—

［注］ 1. 结点之间或结点与高级点之间，其路线的长度，不应大于表中规定的 0.7 倍。

2. L 为往返测段、附合或环线的水准路线长度(km)；n 为测站数。

3. 数字水准仪测量的技术要求和同等级的光学水准仪相同。

4.2.3　水准点的布设与埋石，除满足 4.1.4 条外还应符合下列规定：

1. 应将点位选在土质坚实、稳固可靠的地方或稳定的建筑物上，且便于寻找、保存和引测；当采用数字水准仪作业时，水准路线还应避开电磁场的干扰。

2. 宜采用水准标石，也可采用墙水准点。标志及标石的埋设应符合附录 D 的规定。

3. 埋设完成后，二、三等点应绘制点之记，其他控制点可视需要而定。必要时还应设置指示桩。

4.2.4　水准观测，应在标石埋设稳定后进行。各等级水准观测的主要技术要求，应符合表 4.2.4 的规定。

表 4.2.4　水准观测的主要技术要求

等级	水准仪型号	视线长度(m)	前后视的距离较差(m)	前后视的距离较差累积(m)	视线离地面最低高度(m)	基、辅分划或黑、红面读数较差(mm)	基、辅分划或黑、红面所测高差较差(mm)
二等	DS1	50	1	3	0.5	0.5	0.7

（续表）

等级	水准仪型号	视线长度（m）	前后视的距离较差（m）	前后视的距离较差累积（m）	视线离地面最低高度（m）	基、辅分划或黑、红面读数较差（mm）	基、辅分划或黑、红面所测高差较差（mm）
三等	DS1	100	3	6	0.3	1.0	1.5
	DS3	75				2.0	3.0
四等	DS3	100	5	10	0.2	3.0	5.0
五等	DS3	100	近似相等	—	—	—	—

［注］ 1. 二等水准视线长度小于20m时，其视线高度不应低于0.3m。

2. 三、四等水准采用变动仪器高度观测单面水准尺时，所测两次高差较差，应与黑面、红面所测高差之差的要求相同。

3. 数字水准仪观测，不受基、辅分划或黑、红面读数较差指标的限制，但测站两次观测的高差较差，应满足表中相应等级基、辅分划或黑、红面所测高差较差的限值。

4.2.5 两次观测高差较差超限时应重测。重测后，对于二等水准应选取两次异向观测的合格结果，其他等级则应将重测结果与原测结果分别比较，较差均不超过限值时，取三次结果的平均数。

5.1.1 地形图测图的比例尺，根据工程的设计阶段、规模大小和运营管理需要，可按表5.1.1选用。

表5.1.1 测图比例尺的选用

比例尺	用途
1∶5000	可行性研究、总体规划、厂址选择、初步设计等
1∶2000	可行性研究、初步设计、矿山总图管理、城镇详细规划等
1∶1000	初步设计、施工图设计；城镇、工矿总图管理；竣工验收等
1∶500	

［注］ 1. 对于精度要求较低的专用地形图，可按小一级比例尺地形图的规定进行测绘或利用小一级比例尺地形图放大成图。

2. 对于局部施测大于1∶500比例尺的地形图，除另有要求外，可按1∶500地形图测量的要求执行。

5.1.2 地形图可分为数字地形图和纸质地形图，其特征按表5.1.2分类。

表5.1.2 地形图的分类特征

特征	分类	
	数字地形图	纸质地形图
信息载体	适合计算机存取的介质等	纸质
表达方法	计算机可识别的代码系统和属性特征	线划、颜色、符号、注记等
数学精度	测量精度	测量及图解精度

（续表）

特征	分类	
	数字地形图	纸质地形图
测绘产品	各类文件：如原始文件、成果文件、图形信息数据文件等	纸图、必要时附细部点成果表
工程应用	借助计算机及其外部设备	几何作图

5.1.3　地形的类别划分和地形图基本等高距的确定，应分别符合下列规定：

1. 应根据地面倾角(α)大小，确定地形类别。

平坦地：$\alpha<3°$；

丘陵地：$3°\leqslant\alpha<10°$；

山地：$10°\leqslant\alpha<25°$；

高山地：$\alpha\geqslant25°$。

2. 地形图的基本等高距，应按表5.1.3选用。

表5.1.3　地形图的基本等高距(m)

地形类别	比例尺			
	1∶500	1∶1000	1∶2000	1∶5000
平坦地	0.5	0.5	1	2
丘陵地	0.5	1	2	5
山　地	1	1	2	5
高山地	1	2	2	5

［注］ 1. 一个测区同一比例尺，宜采用一种基本等高距。
2. 水域测图的基本等深距，可按水底地形倾角所比照地形类别和测图比例尺选择。

5.1.4　地形测量的区域类型，可划分为一般地区、城镇建筑区、工矿区和水域。

5.1.5　地形测量的基本精度要求，应符合下列规定：

1. 地形图图上地物点相对于邻近图根点的点位中误差，不应超过表5.1.5－1的规定。

表5.1.5－1　图上地物点的点位中误差

区域类别	点位中误差(mm)
一般地区	0.8
城镇建筑区、工矿区	0.6
水城	1.5

［注］ 1. 隐藏或施测困难的一般地区测图，可放宽50%。
2. 1∶500比例尺水域测图、其他比例尺的大面积平坦水域或水深超出20m的开阔水域测图，根据具体情况，可放宽至2.0mm。

2. 等高(深)线的插求点或数字高程模型格网点相对于邻近图根点的高程中误差，不应超过表5.1.5－2的规定。

表 5.1.5－2　等高(深)线插求点或数字高程模型格网点的高程中误差

	地形类别	平坦地	丘陵地	山地	高山地
一般地区	高程中误差(m)	$\frac{1}{3}h_d$	$\frac{1}{2}h_d$	$\frac{2}{3}h_d$	$1h_d$
水域	水底地形倾角 α	$\alpha<3°$	$3°\leqslant\alpha<10°$	$10°\leqslant\alpha<25°$	$\alpha\geqslant25°$
	高程中误差(m)	$\frac{1}{2}h_d$	$\frac{2}{3}h_d$	$1h_d$	$\frac{3}{2}h_d$

［注］ 1. h_d 为地形图的基本等高距(m)。

2. 对于数字高程模型，h_d 的取值应以模型比例尺和地形类别按表 5.1.3 取用。

3. 隐蔽或施测困难的一般地区测图，可放宽 50%。

4. 当作业困难、水深大于 20m 或工程精度要求不高时，水域测图可放宽 1 倍。

3. 工矿区细部坐标点的点位和高程中误差，不应超过表 5.1.5－3 的规定。

表 5.1.5－3　细部坐标点的点位和高程中误差

地物类别	点位中误差(cm)	高程中误差(cm)
主要建(构)筑物	5	2
一般建(构)筑物	7	3

4. 地形点的最大点位间距，不应大于表 5.1.5－4 的规定。

表 5.1.5－4　地形点的最大点位间距(m)

比例尺		1∶500	1∶1000	1∶2000	1∶5000
一般地区		15	30	50	100
水域	断面间	10	20	40	100
	断面上测点间	5	10	20	50

［注］ 水域测图的断面间距和断面的测点间距，根据地形变化和用图要求，可适当加密或放宽。

5. 地形图上高程点的注记，当基本等高距为 0.5m 时，应精确至 0.01m；当基本等高距大于 0.5m 时，应精确至 0.1m。

5.1.6　地形图的分幅和编号，应满足下列要求：

1. 地形图的分幅，可采用正方形或矩形方式。

2. 图幅的编号，宜采用图幅西南角坐标的千米数表示。

3. 带状地形图或小测区地形图可采用顺序编号。

4. 对于已施测过地形图的测区，也可沿用原有的分幅和编号。

5.1.7　地形图图式和地形图要素分类代码的使用，应满足下列要求：

1. 地形图图式，应采用现行国家标准《1∶500　1∶1000　1∶2000 地形图图式》GB/T 7929 和《1∶5000　1∶10000 地形图图式》GB/T 5791。

2. 地形图要素分类代码，宜采用现行国家标准《1∶500　1∶1000　1∶2000 地形图要素分类与代码》GB 14804 和《1∶5000　1∶10000　1∶25000　1∶50000　1∶100000地形图要素分类与代码》GB/T 15660。

3. 对于图式和要素分类代码的不足部分可自行补充，并应编写补充说明。对于同一个工程或区域，应采用相同的补充图式和补充要素分类代码。

5.1.11 地形图应经过内业检查、实地的全面对照及实测检查。实测检查量不应少于测图工作量的10%，检查的统计结果，应满足表5.1.5-1～5.1.5-3的规定。

5.3.19 平板测图，可选用经纬仪配合展点器测绘法、大平板仪测绘法。

5.3.20 地形原图的图纸，宜选用厚度为0.07－0.10mm，伸缩率小于0.2%。的聚酯薄膜。

5.3.21 图廓格网线绘制和控制点的展点误差，不应大于0.2mm。图廓格网的对角线、图根点间的长度误差，不应大于0.3mm。

5.3.22 平板测图所用的仪器和工具，应符合下列规定：

1. 视距常数范围应在100±0.1以内。

2. 垂直度盘指标差，不应超过2′。

3. 比例尺尺长误差，不应超过0.2mm。

4. 量角器半径，不应小于10cm，其偏心差不应大于0.2mm。

5. 坐标展点器的刻划误差，不应超过0.2mm。

5.3.23 当解析图根点不能满足测图需要时，可增补少量图解交会点或视距支点。图解补点应符合下列规定：

1. 图解交会点，必须选多余方向作校核，交会误差三角形内切圆直径应小于0.5mm，相邻两线交角应在30°～150°之间。

2. 视距支点的长度，不宜大于相应比例尺地形点最大视距长度的2/3，并应往返测定，其较差不应大于实测长度的1/150。

3. 图解交会点、视距支点的高程测量，其垂直角应1测回测定。由两个方向观测或往、返观测的高程较差，在平地不应大于基本等高距的1/5，在山地不应大于基本等高距的1/3。

5.3.24 平板测图的视距长度，不应超过表5.3.24的规定。

表5.3.24 平板测图的最大视距长度

比例尺	最大视距长度(m)			
	一般地区		城镇建筑区	
	地物	地形	地物	地形
1∶500	60	100	—	70
1∶1000	100	150	80	120
1∶2000	180	250	150	200
1∶5000	300	350	—	—

［注］ 1. 垂直角超过±10°范围时，视距长度应适当缩短；平坦地区成像清晰时，视距长度可放长20%。

2. 城镇建筑区1∶500比例尺测图，测站点至地物点的距离应实地丈量。

3. 城镇建筑区1∶5000比例尺测图不宜采用平板测图。

5.3.25　平板测图时，测站仪器的设置及检查，应符合下列要求：

1. 仪器对中的偏差，不应大于图上 0.05mm。

2. 以较远一点标定方向，另一点进行检核，其检核方向线的偏差不应大于图上 0.3mm，每站测图过程中和结束前应注意检查定向方向。

3. 检查另一测站点高程，其较差不应大于基本等高距的 1/5。

5.3.26　测图时，每幅图应测出图廓线外 5mm。

5.3.27　纸质地形图绘制的主要技术要求，按本节第 5.3.38～5.3.44 条执行。

5.3.28　图幅的接边误差不应大于本章表 5.1.5－1 和表 5.1.5－2 规定值的 $2\sqrt{2}$ 倍，小于规定值时，可平均配赋；超过规定值时，应进行实地检查和修改。

5.3.29　纸质地形图的内外业检查，应按本章 5.1.11 条的规定执行。

5.3.38　轮廓符号的绘制，应符合下列规定：

1. 依比例尺绘制的轮廓符号，应保持轮廓位置的精度。

2. 半依比例尺绘制的线状符号，应保持主线位置的几何精度。

3. 不依比例尺绘制的符号，应保持其主点位置的几何精度。

5.3.39　居民地的绘制，应符合下列规定：

1. 城镇和农村的街区、房屋，均应按外轮廓线准确绘制。

2. 街区与道路的衔接处，应留出 0.2mm 的间隔。

5.3.40　水系的绘制，应符合下列规定：

1. 水系应先绘桥、闸，其次绘双线河、湖泊、渠、海岸线、单线河，然后绘堤岸、陡岸、沙滩和渡口等。

2. 当河流遇桥梁时应中断：单线沟渠与双线河相交时，应将水涯线断开，弯曲交于一点。当两双线河相交时，应互相衔接。

5.3.41　交通及附属设施的绘制，应符合下列规定：

1. 当绘制道路时，应先绘铁路，再绘公路及大车路等。

2. 当实线道路与虚线道路、虚线道路与虚线道路相交时，应实部相交。

3. 当公路遇桥梁时，公路和桥梁应留出 0.2mm 的间隔。

5.3.42　等高线的绘制，应符合下列规定：

1. 应保证精度，线划均匀、光滑自然。

2. 当图上的等高线遇双线河、渠和不依比例尺绘制的符号时，应中断。

5.3.44　各种注记的配置，应分别符合下列规定：

1. 文字注记，应使所指示的地物能明确判读。一般情况下，字头应朝北。道路河流名称，可随现状弯曲的方向排列。各字侧边或底边，应垂直或平行于线状物体。各字间隔尺寸应在 0.5mm 以上；远间隔的也不宜超过字号的 8 倍。注字应避免遮断主要地物和地形的特征部分。

2. 高程的注记，应注于点的右方，离点位的间隔应为 0.5mm。

3. 等高线的注记字头，应指向山顶或高地，字头不应朝向图纸的下方。

5.3.45　外业测绘的纸质原图，宜进行着墨或映绘，其成图应墨色黑实光润、图面整洁。

5.3.46　每幅图绘制完成后，应进行图面检查和图幅接边、整饰检查，发现问题及时修改。

5.6.1 一般地区宜采用全站仪或GPS－RTK测图,也可采用平板测图。

5.6.2 各类建(构)筑物及其主要附属设施均应进行测绘。居民区可根据测图比例尺大小或用图需要,对测绘内容和取舍范围适当加以综合。临时性建筑可不测。

建(构)筑物宜用其外轮廓表示,房屋外廓以墙角为准。当建(构)筑物轮廓凸凹部分在1∶500比例尺图上小于1mm或在其他比例尺图上小于0.5mm时,可用直线连接。

5.6.3 独立性地物的测绘,能按比例尺表示的,应实测外廓,填绘符号;不能按比例尺表示的,应准确表示其定位点或定位线。

5.6.4 管线转角部分,均应实测。线路密集部分或居民区的低压电力线和通信线,可选择主干线测绘;当管线直线部分的支架、线杆和附属设施密集时,可适当取舍;当多种线路在同一杆柱上时,应择其主要表示。

5.6.5 交通及附属设施,均应按实际形状测绘。铁路应测注轨面高程,在曲线段应测注内轨面高程;涵洞应测注洞底高程。

1∶2000及1∶5000比例尺地形图,可适当舍去车站范围内的附属设施。小路可选择测绘。

5.6.6 水系及附属设施,宜按实际形状测绘。水渠应测注渠顶边高程;堤、坝应测注顶部及坡脚高程;水井应测注井台高程;水塘应测注塘顶边及塘底高程。当河沟、水渠在地形图上的宽度小于1mm时,可用单线表示。

5.6.7 地貌宜用等高线表示。崩塌残蚀地貌、坡、坎和其他地貌,可用相应符号表示。山顶、鞍部、凹地、山脊、谷底及倾斜变换处,应测注高程点。露岩、独立石、土堆、陡坎等,应注记高程或比高。

5.6.8 植被的测绘,应按其经济价值和面积大小适当取舍,并应符合下列规定:

1. 农业用地的测绘按稻田、旱地、菜地、经济作物地等进行区分,并配置相应符号。

2. 地类界与线状地物重合时,只绘线状地物符号。

3. 梯田坎的坡面投影宽度在地形图上大于2mm时,应实测坡脚;小于2mm时,可量注比高。当两坎间距在1∶500比例尺地形图上小于10mm、在其他比例尺地形图上小于5mm时或坎高小于基本等高距的1/2时,可适当取舍。

4. 稻田应测出田间的代表性高程,当田埂宽在地形图上小于1mm时,可用单线表示。

5.6.9 地形图上各种名称的注记,应采用现有的法定名称。

5.7.1 城镇建筑区宜采用全站仪测图,也可采用平板测图。

5.7.2 各类的建(构)筑物、管线、交通等及其相应附属设施和独立性地物的测量,应按本章第5.6.2～5.6.5条执行。

5.7.3 房屋、街巷的测量,对于1∶500和1∶1000比例尺地形图,应分别实测;对于1∶2000比例尺地形图,小于1m宽的小巷,可适当合并;对于1∶5000比例尺地形图,小巷和院落连片的,可合并测绘。

街区凸凹部分的取舍,可根据用图的需要和实际情况确定。

5.7.4 各街区单元的出入口及建筑物的重点部位，应测注高程点：主要道路中心在图上每隔 5cm 处和交叉、转折、起伏变换处，应测注高程点；各种管线的检修井，电力线路、通信线路的杆(塔)，架空管线的固定支架，应测出位置并适当测注高程点。

5.7.5 对于地下建(构)筑物，可只测量其出入口和地面通风口的位置和高程。

5.7.6 小城镇的测绘，可按本规范 5.6 节的要求执行。街巷的取舍，可按 5.7.3 条的要求适当放宽。

5.10.5 地形图的编绘，应选用内容详细、现势性强、精度高的已有资料，包括图纸、数据文件、图形文件等进行编绘。

5.10.6 编绘图应以实测图为基础进行编绘，各种专业图应以地形图为基础结合专业要求进行编绘；编绘图的比例尺不应大于实测图的比例尺。

5.10.7 地形图编绘作业，应符合下列规定：

1. 原有资料的数据格式应转换成同一数据格式。

2. 原有资料的坐标、高程系统应转换成编绘图所采用的系统。

3. 地形图要素的综合取舍，应根据编绘图的用途、比例尺和区域特点合理确定。

4. 编绘图应采用现行图式。

5. 编绘完成后，应对图的内容、接边进行检查，发现问题应及时修改。

附录 2　地物符号(居民地及设施)

GB/T 20257.1—2007

<table>
<tr><th rowspan="2">编号</th><th rowspan="2">符号名称</th><th colspan="3">符号式样</th><th rowspan="2">符号
细部图</th><th rowspan="2">多色图
色值</th></tr>
<tr><th>1∶500</th><th>1∶1 000</th><th>1∶2 000</th></tr>
<tr><td>4.3.1</td><td>单幢房屋
a. 一般房屋
b. 有地下室的房屋
c. 突出房屋
d. 简易房屋
混、钢——房屋结构
1、3、28——房屋层数
−2——地下房屋层数</td><td colspan="2">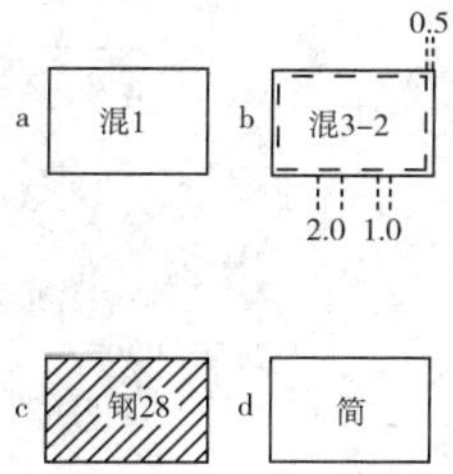
</td><td>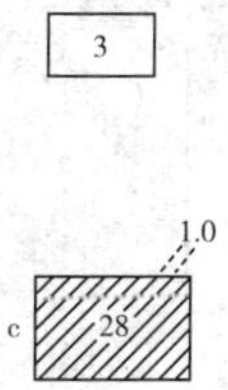
</td><td></td><td>K100</td></tr>
<tr><td>4.3.2</td><td>建筑中房屋</td><td colspan="3">
</td><td></td><td>K100</td></tr>
<tr><td>4.3.3</td><td>棚房
a. 四边有墙的
b. 一边有墙的
c. 无墙的</td><td colspan="3">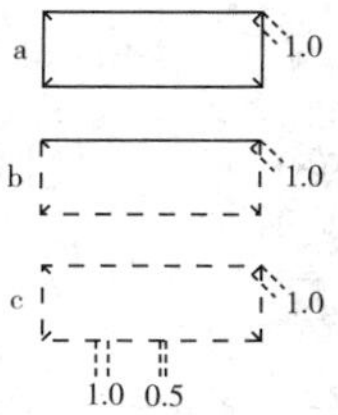
</td><td></td><td>K100</td></tr>
<tr><td>4.3.4</td><td>破坏房屋</td><td colspan="3">
</td><td></td><td>K100</td></tr>
<tr><td>4.3.5</td><td>架空房
3、4——楼层
/1、/2——空层层数</td><td colspan="3">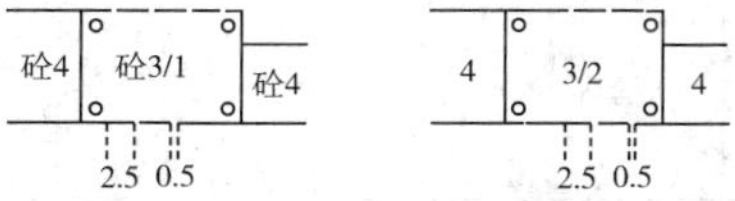
</td><td></td><td>K100</td></tr>
<tr><td>4.3.6</td><td>廊房
a. 廊房
b. 飘楼</td><td colspan="3">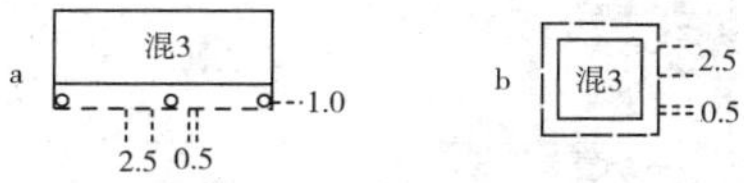
</td><td></td><td>K100</td></tr>
<tr><td>4.3.7</td><td>窑洞
a. 地面上的
a1. 依比例尺的
a2. 不依比例尺的
a3. 房屋式的窑洞
b. 地面下的
b1. 依比例尺的
b2. 不依比例尺的</td><td colspan="3">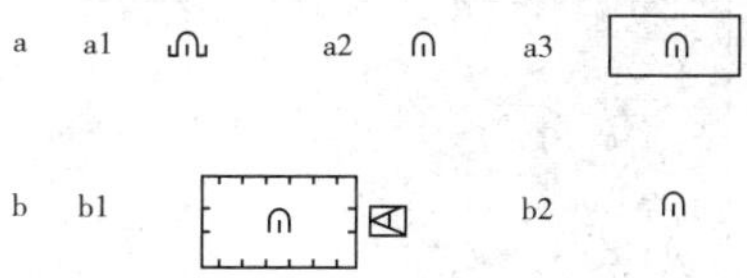
</td><td>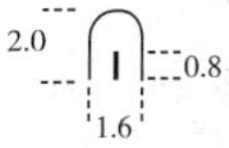
</td><td>K100</td></tr>
</table>

（续表）

编号	符号名称	符号式样			符号细部图	多色图色值
		1∶500	1∶1 000	1∶2 000		
4.3.8	蒙古包、放牧点 a. 依比例尺的 b. 不依比例尺的 (3－6)——居住月份	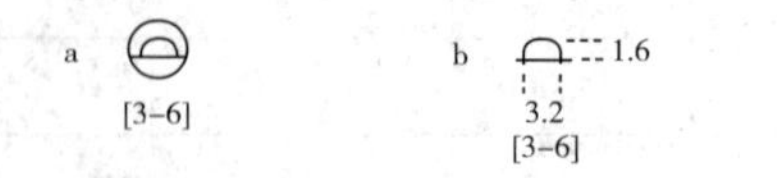			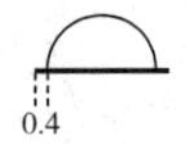	K100
4.3.9	矿井井口 a. 开采的 a1. 竖井井口 a2. 斜井井口 a3. 平峒洞口 a4. 小矿井 b. 废弃的 b1. 竖井井口 b2. 斜井井口 b3. 平峒洞口 b4. 小矿井 硫、铜、磷、煤、铁——矿物品种	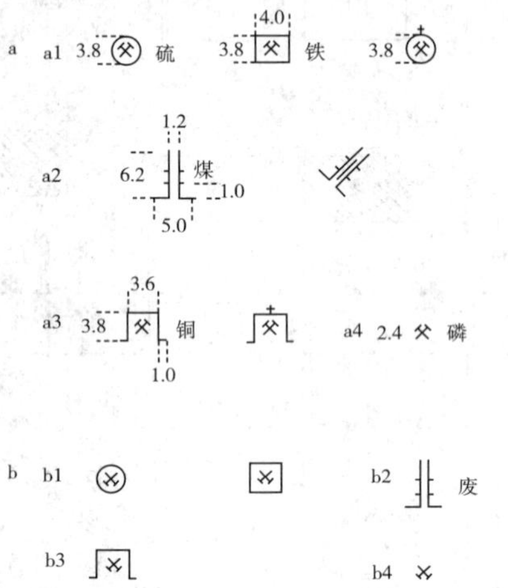				K100
4.3.10	露天采掘场、乱掘地 石、土——矿物品种					K100
4.3.11	管道井(油、气井) 油——产品名称					K100
4.3.12	盐井				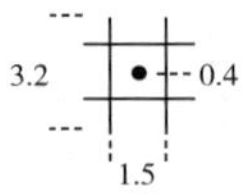	K100
4.3.13	海上平台	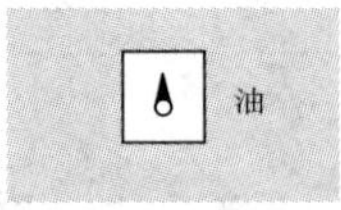				K100
4.3.14	探井(试坑) a. 依比例尺的 b. 不依比例尺的					K100
4.3.15	探槽	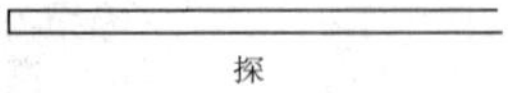				K100

（续表）

编号	符号名称	符号式样			符号细部图	多色图色值
		1∶500	1∶1 000	1∶2 000		
4.3.16	钻孔 涌——钻孔说明					K100
4.3.17	液、气贮存设备 a. 依比例尺的 b. 不依比例尺的 油、煤气——贮存物名称					K100
4.3.18	散热塔、跳伞塔、蒸馏塔、瞭望塔 a. 依比例尺的 b. 不依比例尺的					K100
4.3.19	水塔 a. 依比例尺的 b. 不依比例尺的				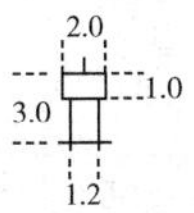	K100
4.3.20	水塔烟囱 a. 依比例尺的 b. 不依比例尺的				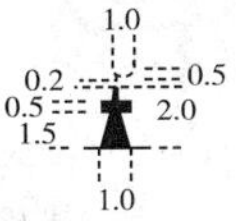	K100
4.3.21	烟囱及烟道 a. 烟囱 b. 烟道 c. 架空烟道	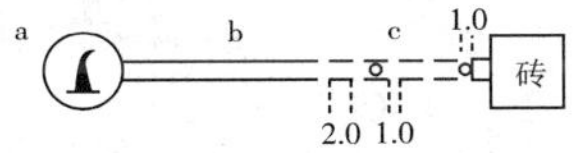			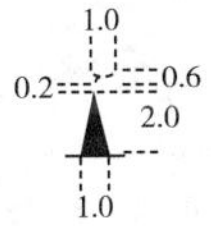	K100
4.3.22	放空火炬				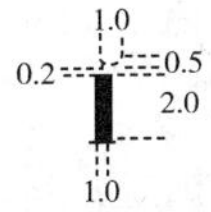	K100
4.3.23	盐田(盐场)	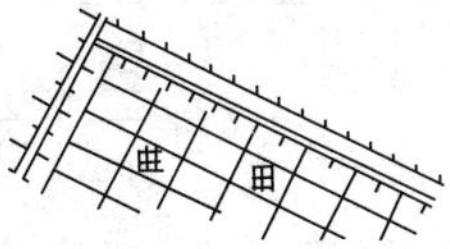				堤、埂 K100
4.3.24	窑 a. 堆式窑 b. 台式窑、屋式窑 瓦、陶——产品名称	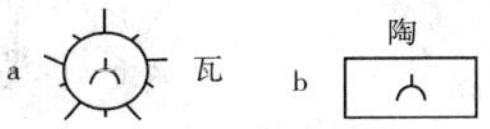			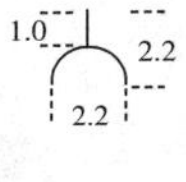	K100

（续表）

编号	符号名称	符号式样			符号细部图	多色图色值
		1∶500	1∶1 000	1∶2 000		
4.3.25	露天设备 a. 单个的 a1. 依比例尺的 a2. 不依比例尺的 b. 毗连成群的	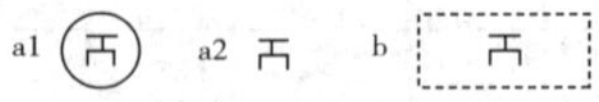			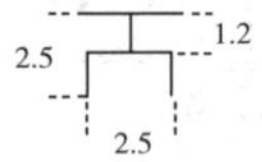	*K*100
4.3.26	传送带 a. 地面上的 b. 架空的 c. 地面下的	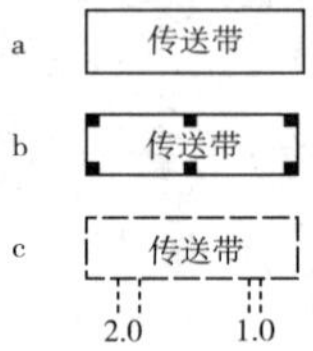		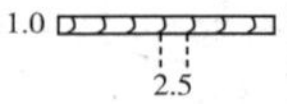		*K*100
4.3.27	吊车 a. 龙门吊 b. 天吊	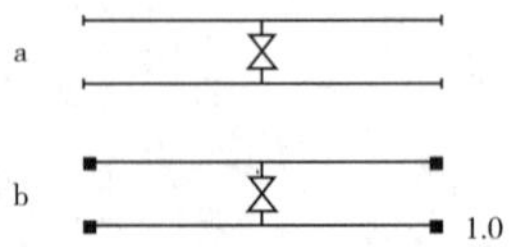			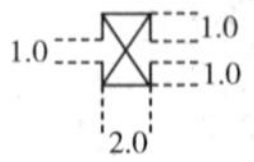	*K*100
4.3.28	装卸漏斗 a. 漏口在中间的 b. 漏口在一侧的 c. 斗在墙上的 d. 斗在坑内的	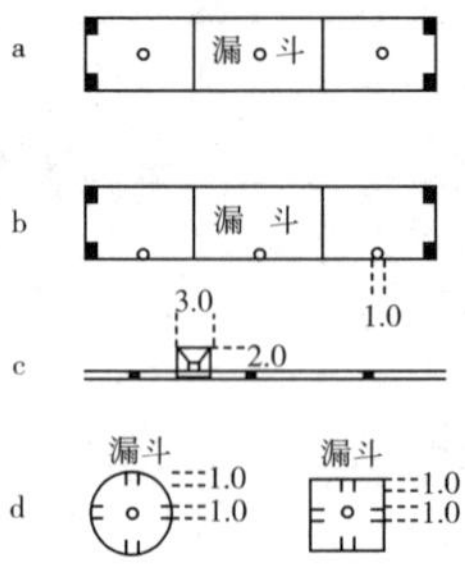		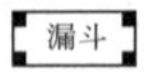		*K*100
4.3.29	起重机 a. 固定的 b. 有轨道的	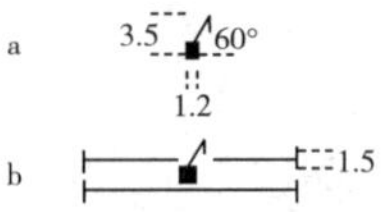			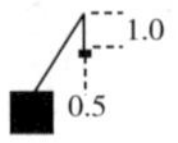	*K*100
4.3.30	滑槽（滑道） a. 依比例尺的 b. 不依比例尺的	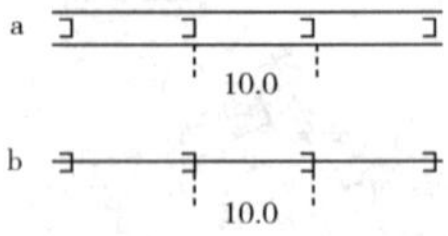				*K*100
4.3.31	地磅 a. 房屋、棚房内的 b. 雨罩下的 c. 露天的	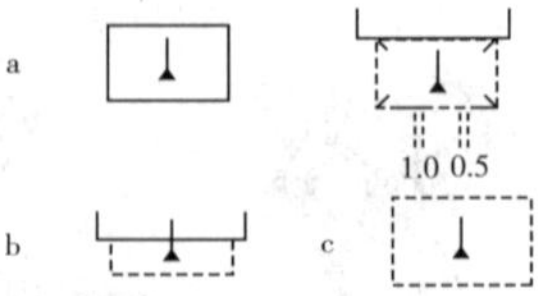			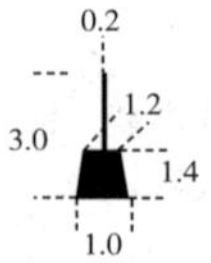	*K*100

（续表）

编号	符号名称	符号式样			符号细部图	多色图色值
		1∶500	1∶1 000	1∶2 000		
4.3.32	露天货栈 a. 有平台的 b. 无平台的	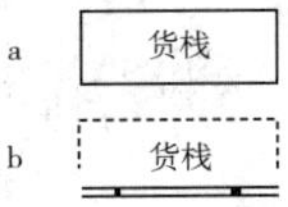				K100
4.3.33	饲养场、打谷场、贮草场、贮煤场、水泥预制场 牲、谷、砼预——场地说明					K100
4.3.34	水产养殖场 紫菜——产品名称	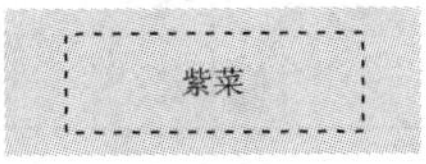				K100
4.3.35	温室、大棚 a. 依比例尺的 b. 不依比例尺的 菜、花——植物种类说明					K100
4.3.36	粮仓(库) a. 依比例尺的 b. 不依比例尺的 c. 粮仓群 6——个数	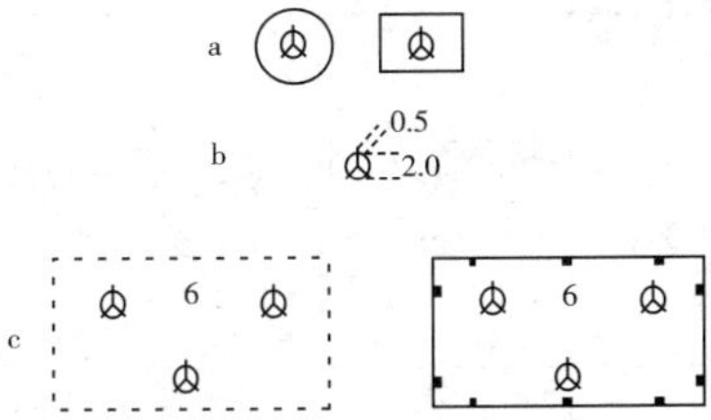				K100
4.3.37	水磨房、水车	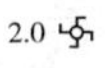			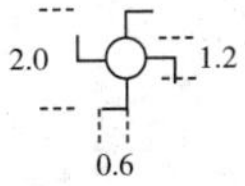	K100
4.3.38	风磨房、风车				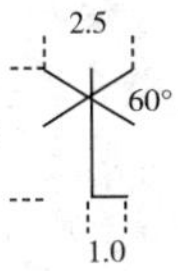	K100
4.3.39	药浴池				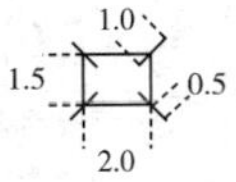	K100

（续表）

编号	符号名称	符号式样			符号细部图	多色图色值
		1∶500	1∶1 000	1∶2 000		
4.3.40	积肥池 a. 依比例尺的 b. 不依比例尺的	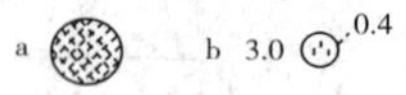				K100
4.3.41	学校			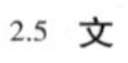	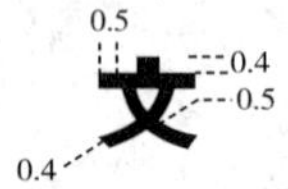	K100
4.3.42	医疗点				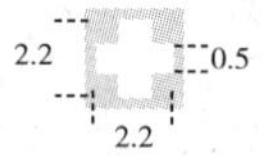	C100 Y100
4.3.43	体育馆、科技馆、博物馆、展览馆					K100
4.3.44	宾馆、饭店	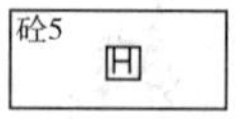			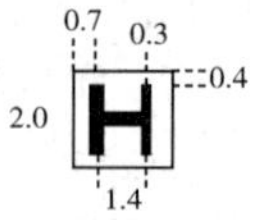	K100
4.3.45	商场、超市	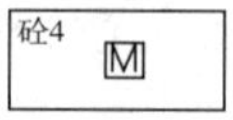			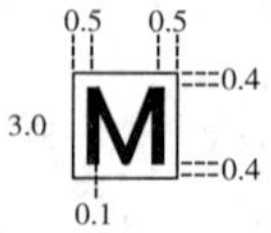	K100
4.3.46	剧院、电影院	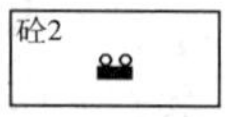				K100
4.3.47	露天体育场、网球场、运动场、球场 a. 有看台的 a1. 主席台 a2. 门洞 b. 无看台的	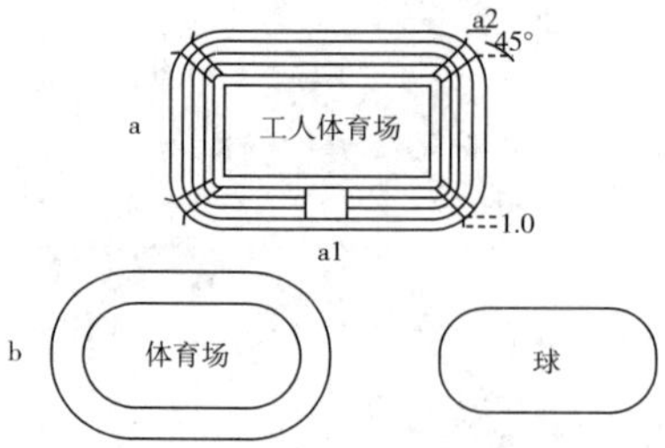				K100

（续表）

编号	符号名称	符号式样			符号细部图	多色图色值
		1∶500	1∶1 000	1∶2 000		
4.3.48	露天舞台、观礼台					K100
4.3.49	游泳场(池)					K100
4.3.50	电视台	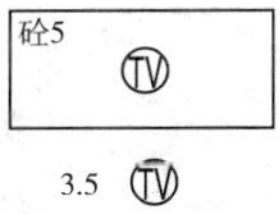			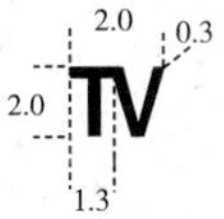	K100
4.3.51	电信局	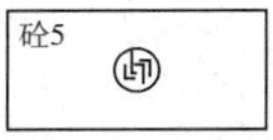			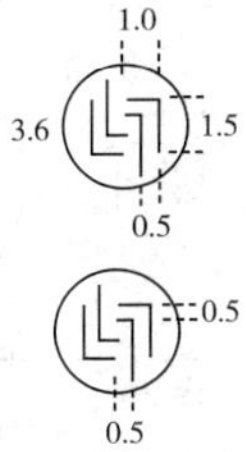	K100
4.3.52	邮局	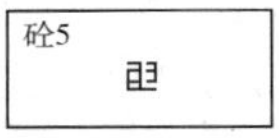			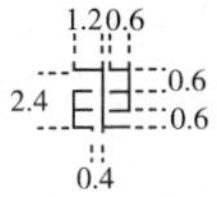	K100
4.3.53	电视发射塔 23——塔高	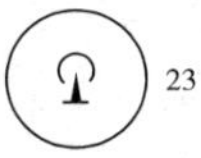			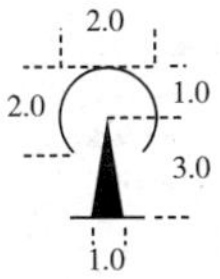	K100
4.3.54	移动通信塔、微波传送塔、无线电杆 a. 在建筑物上 b. 依比例尺的 c. 不依比例尺的	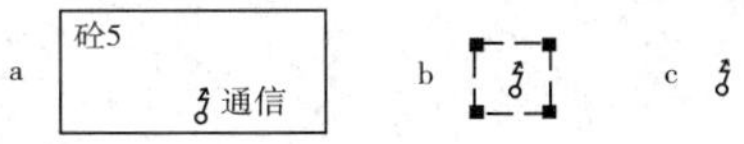			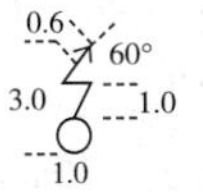	K100
4.3.55	电话亭				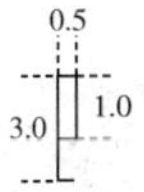	K100

（续表）

编号	符号名称	符号式样			符号细部图	多色图色值
		1∶500	1∶1 000	1∶2 000		
4.3.56	厕所					K100
4.3.57	垃圾场					K100
4.3.58	垃圾台 a. 依比例尺的 b. 不依比例尺的				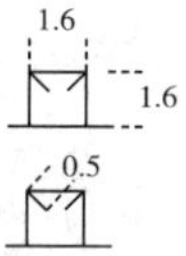	K100
4.3.59	坟地、公墓 a. 依比例尺的 b. 不依比例尺的					K100
4.3.60	独立大坟 a. 依比例尺的 b. 不依比例尺的				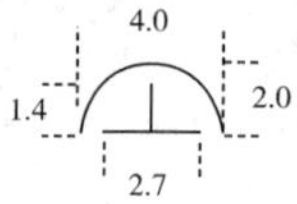	K100
4.3.61	古迹、遗址 a. 古迹 b. 遗址					K100
4.3.62	烽火台 5.0——比高	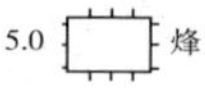				K100
4.3.63	旧碉堡、旧地堡 a. 依比例尺的 b. 不依比例尺的					K100
4.3.64	碑、柱、墩					K100

（续表）

编号	符号名称	符号式样			符号细部图	多色图色值
		1∶500	1∶1 000	1∶2 000		
4.3.65	纪念碑、北回归线标志塔 a. 依比例尺的 b. 不依比例尺的				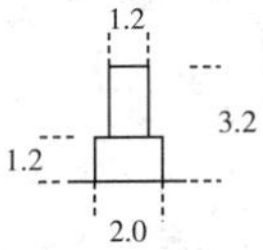	$K100$
4.3.66	彩门、牌坊、牌楼 a. 依比例尺的 b. 不依比例尺的				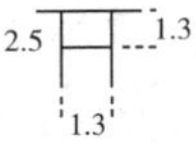	$K100$
4.3.67	钟楼、鼓楼、城楼、古关塞 a. 依比例尺的 b. 不依比例尺的				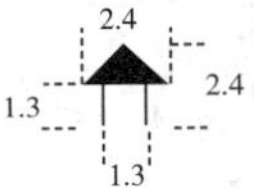	$K100$
4.3.68	亭 a. 依比例尺的 b. 不依比例尺的	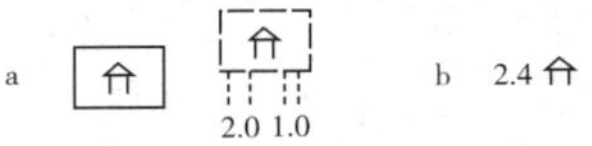			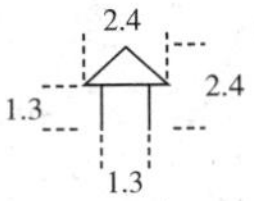	$K100$
4.3.69	文物碑石 a. 依比例尺的 b. 不依比例尺的					$K100$
4.3.70	旗杆	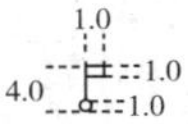				$K100$
4.3.71	塑像、雕塑 a. 依比例尺的 b. 不依比例尺的				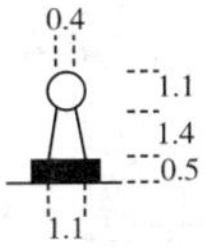	$K100$
4.3.72	庙宇	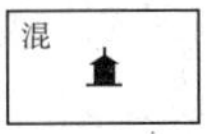			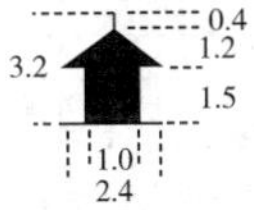	$K100$
4.3.73	清真寺	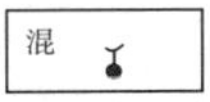			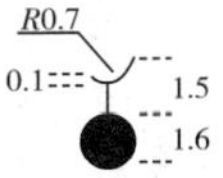	$K100$

（续表）

编号	符号名称	符号式样			符号细部图	多色图色值
		1∶500	1∶1 000	1∶2 000		
4.3.74	教堂				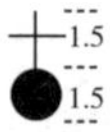	K100
4.3.75	宝塔、经塔、纪念塔 a. 依比例尺的 b. 不依比例尺的				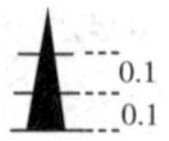	K100
4.3.76	敖包、经堆、麻尼堆 a. 依比例尺的 b. 不依比例尺的				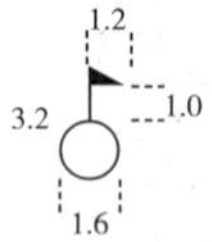	K100
4.3.77	土地庙 a. 依比例尺的 b. 不依比例尺的				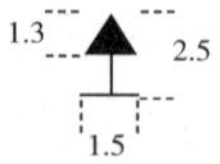	K100
4.3.78	气象台（站）	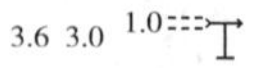			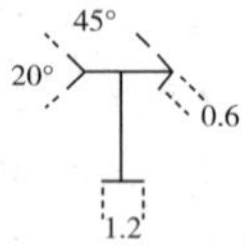	K100
4.3.79	水文站 位——测站类别	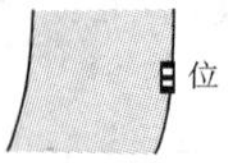			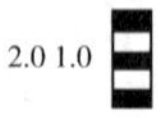	K100
4.3.80	地震台	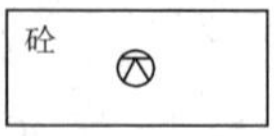			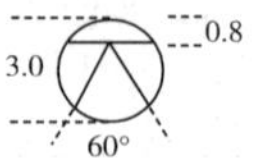	K100
4.3.81	天文台	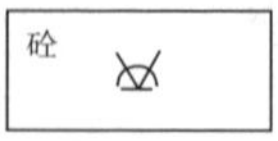			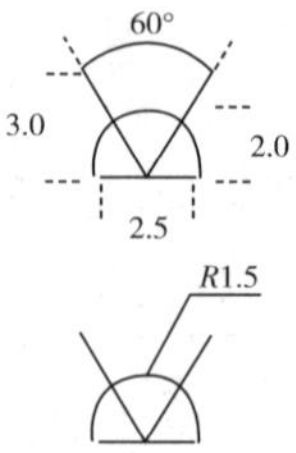	K100

（续表）

编号	符号名称	符号式样			符号细部图	多色图色值
		1∶500	1∶1 000	1∶2 000		
4.3.82	环保监测站 a. 监测点 噪声——测站（点）类别				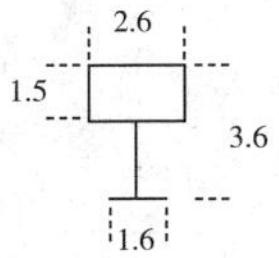	*K*100
4.3.83	卫星地面站	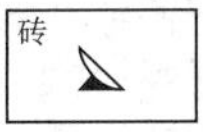			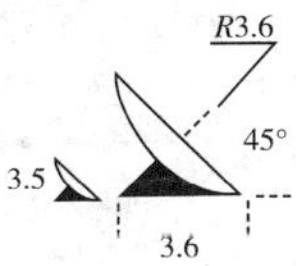	*K*100
4.3.84	科学实验站	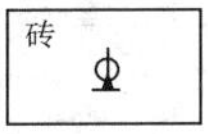			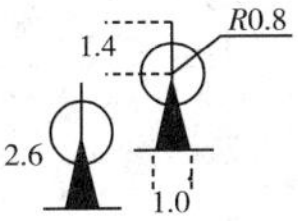	*K*100
4.3.85	长城、砖石城墙 a. 完整的 a1. 城门 a2. 城楼 a3. 台阶 b. 损坏的 b1. 豁口	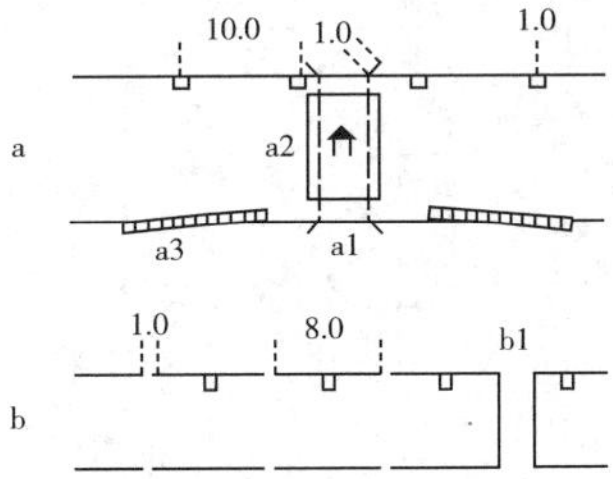				*K*100
4.3.86	土城墙 a. 城门 b. 豁口 c. 损坏的	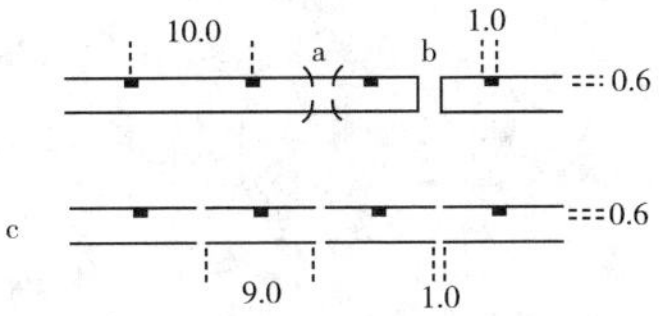				*K*100
4.3.87	围墙 a. 依比例尺的 b. 不依比例尺的	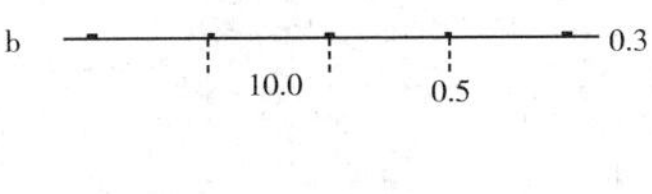				*K*100
4.3.88	栅栏、栏杆	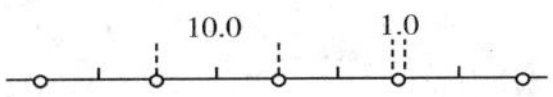				*K*100

（续表）

编号	符号名称	符号式样			符号细部图	多色图色值
		1∶500	1∶1 000	1∶2 000		
4.3.89	篱笆	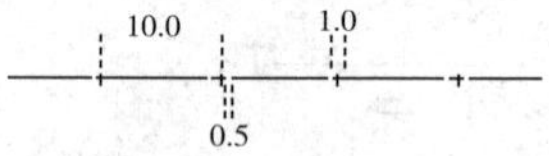				$K100$
4.3.90	活树篱笆	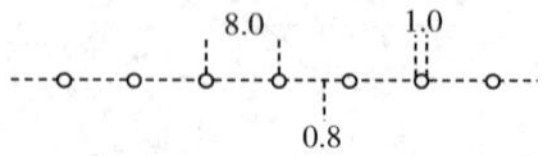				$K100$
4.3.91	铁丝网、电网	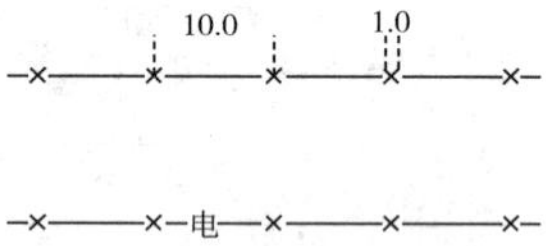				$K100$
4.3.92	地类界					与所表示的地物颜色一致
4.3.93	地下建筑物出入口 a. 地铁站出入口 a1. 依比例尺的 a2. 不依比例尺的 b. 建筑物出入口 b1. 出入口标识 b2. 敞开式的 b2.1 有台阶的 b2.2 无台阶的 b3. 有雨棚的 b4. 屋式的 b5. 不依比例尺的	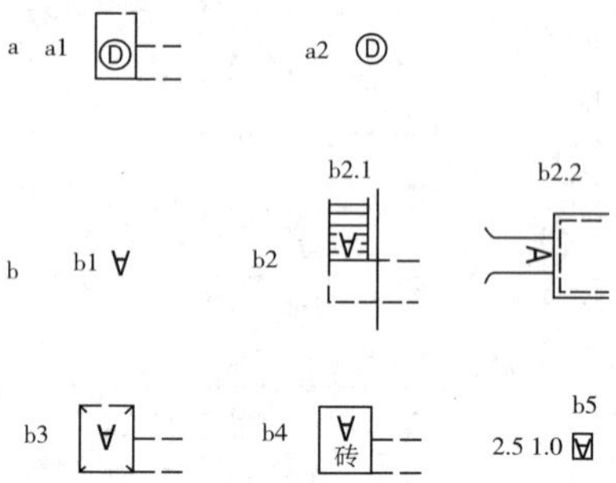			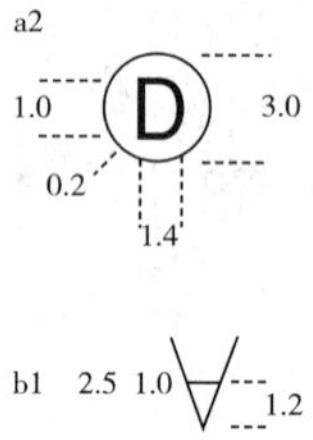	$K100$
4.3.94	地下建筑物通风口 a. 地下室的天窗 b. 其他通风口	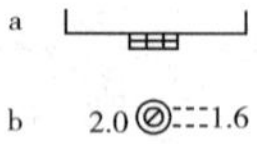			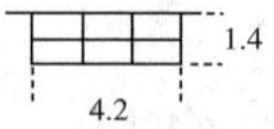	$K100$
4.3.95	柱廊 a. 无墙壁的 b. 一边有墙壁的	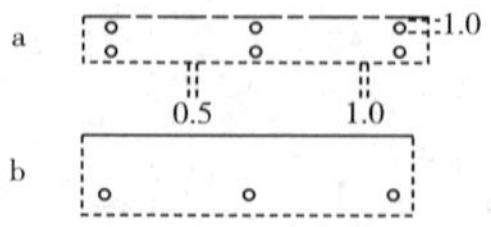				$K100$

（续表）

编号	符号名称	符号式样			符号细部图	多色图色值
		1∶500	1∶1 000	1∶2 000		
4.3.96	门顶、雨罩 a. 门顶 b. 雨罩	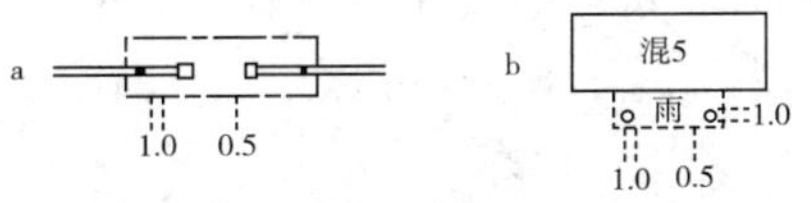				*K*100
4.3.97	阳台	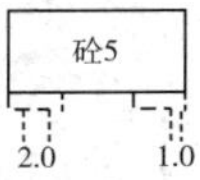				*K*100
4.3.98	檐廊、挑廊 a. 檐廊 b. 挑廊					*K*100
4.3.99	悬空通廊					*K*100
4.3.100	门洞、下跨道				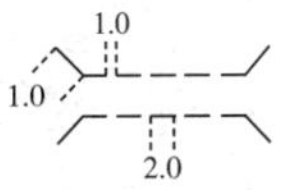	*K*100
4.3.101	台阶	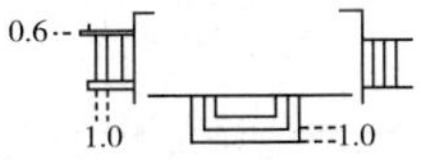				*K*100
4.3.102	室外楼梯 a. 上楼方向	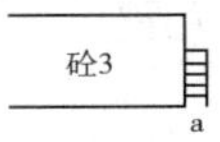				*K*100
4.3.103	院门 a. 围墙门 b. 有门房的	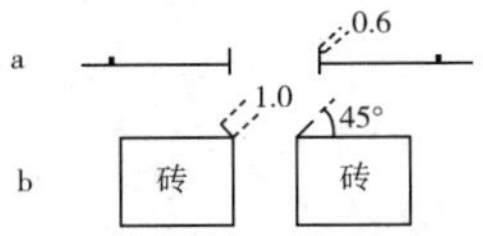				*K*100
4.3.104	门墩 a. 依比例尺的 b. 不依比例尺的	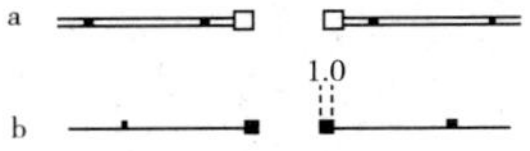				*K*100

编号	符号名称	符号式样			符号细部图	多色图色值
		1∶500	1∶1 000	1∶2 000		
4.3.105	支柱、墩、钢架 a. 依比例尺的 b. 不依比例尺的	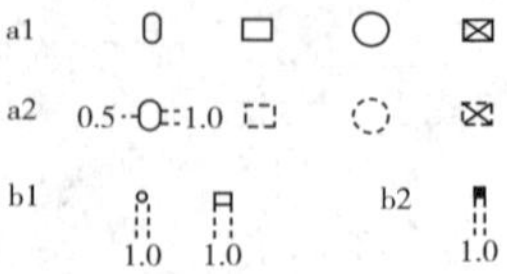				K100
4.3.106	路灯				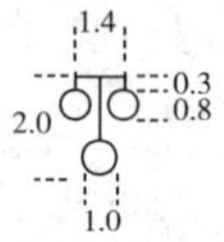	K100
4.3.107	照射灯 a. 杆式 b. 桥式 c. 塔式	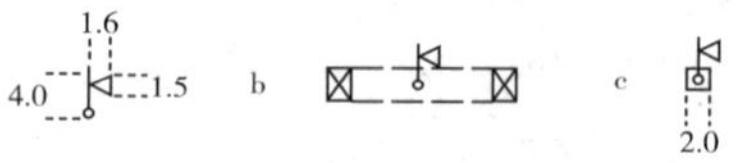				K100
4.3.108	岗亭、岗楼 a. 依比例尺的 b. 不依比例尺的				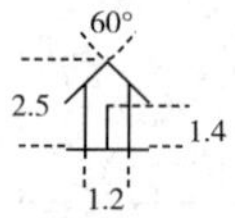	K100
4.3.109	宣传橱窗、广告牌 a. 双柱或多柱的 b. 单柱的	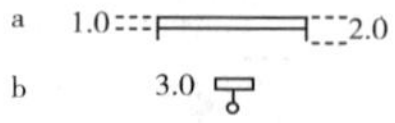			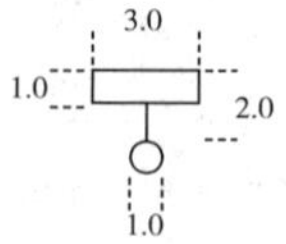	K100
4.3.110	喷水池				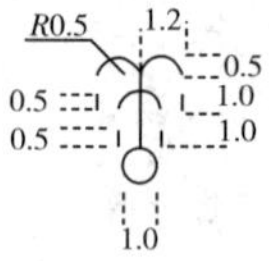	K100
4.3.111	假石山				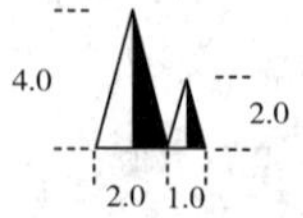	K100
4.3.112	避雷针	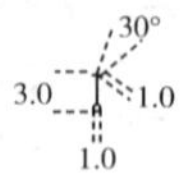				K100

附录 3　地形示意图

1：500、1：1000 地形图主要用于小范围内精确研究、评价地形，可供勘察、规划、设计和施工等工作使用。图幅采用正方形或矩形，其规格为 50cm×50cm 或 50cm×40cm。

地形示意图 1

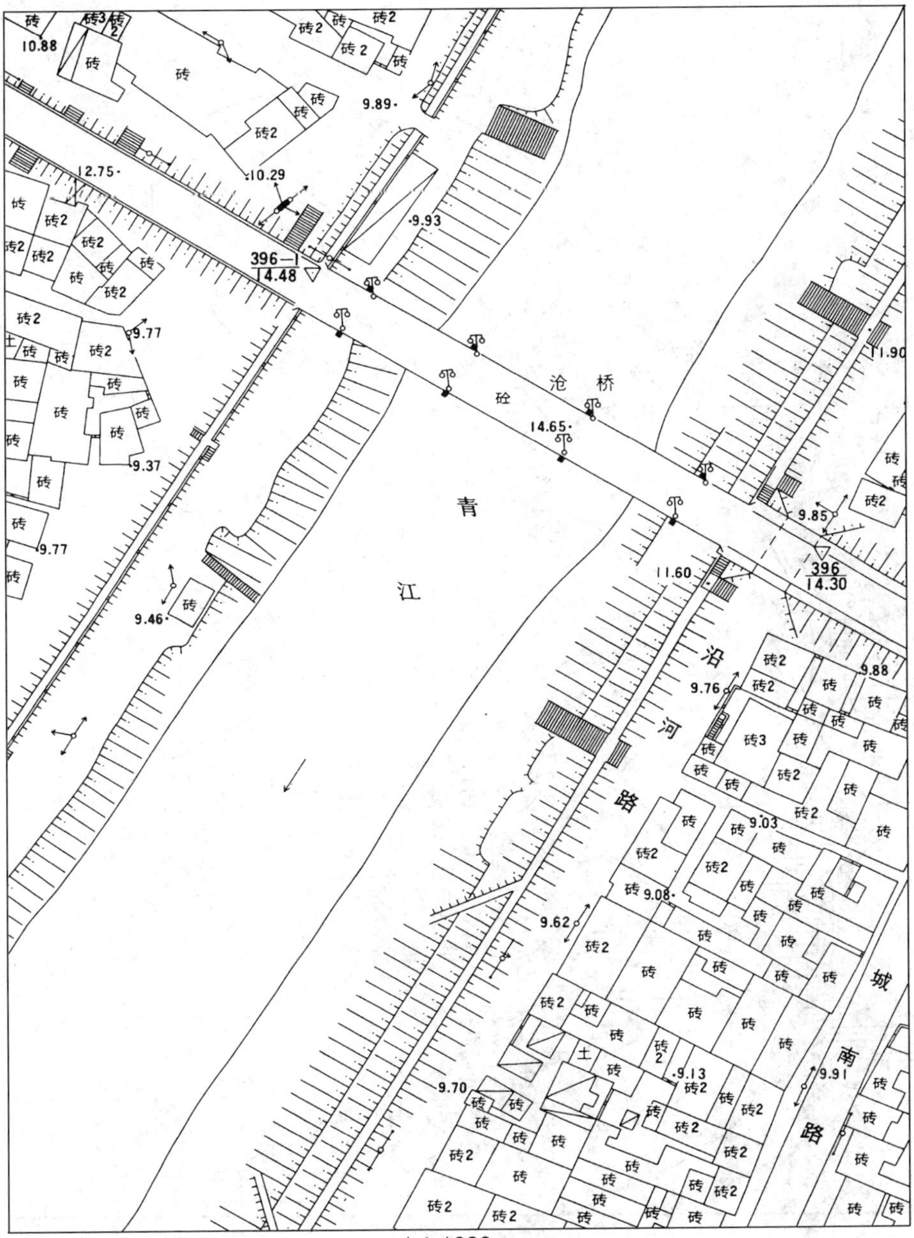

1：1000

附图 3-1　城市某居民区地形图

地形示意图 2

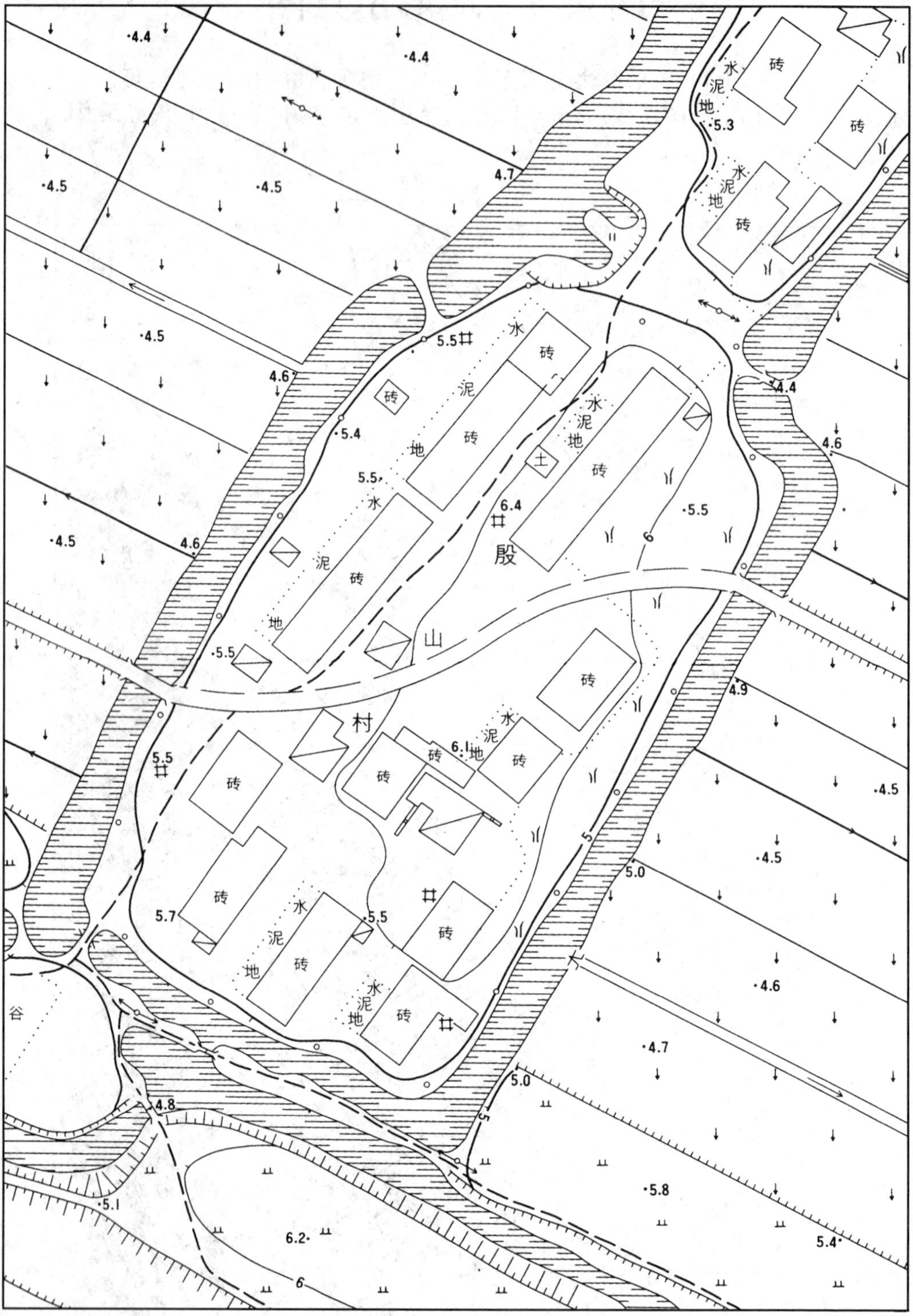

1：1000

附图 3－2　农村某居民区地形图

附录4　自动安平水准仪使用简介

如附图 4－1 所示。

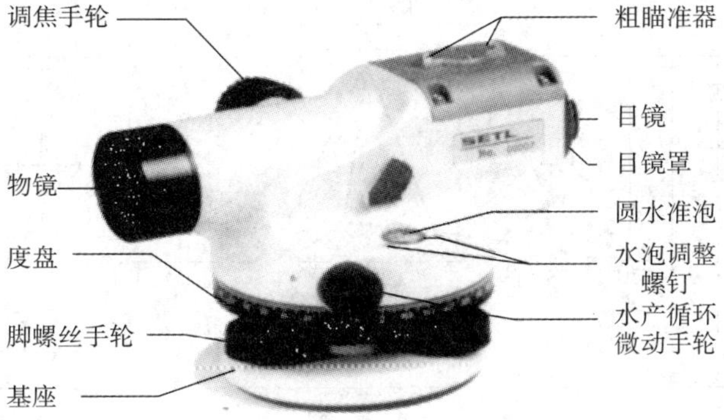

附图 4－1　自动安平水准仪

1. 安置仪器

(1)选择合适高度支好三脚架，将水准仪用中心螺丝与三脚架连接牢固。

(2)用三脚架粗整平仪器与地面安放牢固，旋转脚螺丝手轮 1、2、3，使水泡居中，如附图4－2。

(3)同时旋转 1、2 手轮使水泡向右移动(见附图 4－2(a))。

(4)旋转 3 手轮使水泡向上移动(见附图 4－2(b))。

(5)通过粗瞄准器，瞄准标尺，转动目镜，使十字丝分划板视距丝成像清晰。

(6)旋转水平微动手轮，使标尺成像在视场中央，旋转调焦手轮，直到标尺成像清晰。

(7)通过目镜观察视场中的成像，将眼睛稍微上下左右移动，确认标尺像相对于十字线不动，没发生相对位移，即可开始测量，否则重复予以调整。

(8)第(7)点中所述的相对位移，会给测量结果带来误差，应仔细做好消除视差工作。

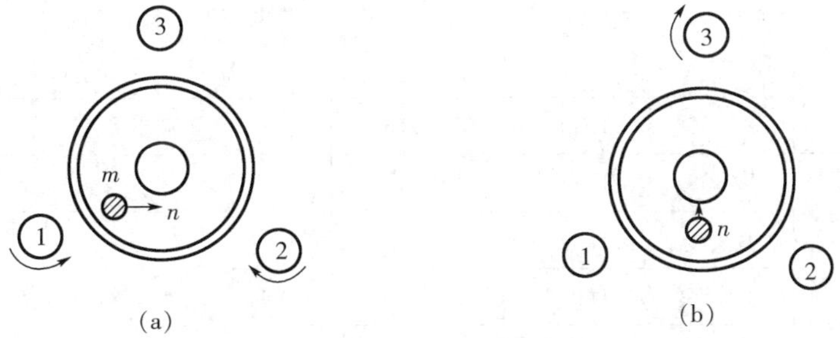

附图 4－2　水泡调整

2. 高差测量

(1)安置仪器于 A、B 中间，如附图 4－3。

(2)垂直安放标尺于 A 点，用中丝读数为 a。

(3)垂直安放标尺于 B 点，用中丝读数为 b。

(4)A、B 两点高差值为 $a-b$。

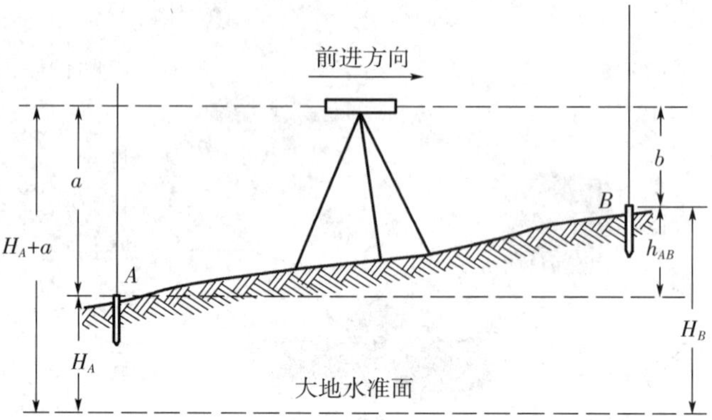

附图 4-3 高差测量

(5)当 A、B 两点之间距离长或者高差大时，则应分为若干个区间进行测量(如附图 4-4)并记录于附录表 4-1。

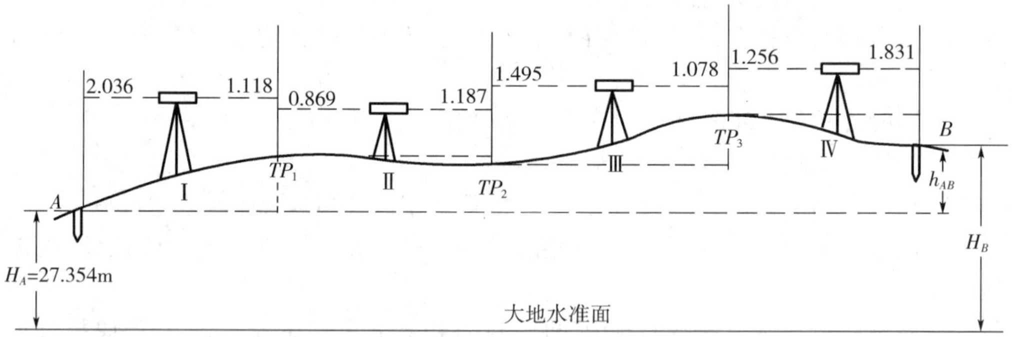

附图 4-4 分区间高差测量

附表 4-1 水准测量记录表

测站	测点	后视读数 a	前视读数 b	高差 $h=a-b$(m)		高程 (m)	备注
				+	−		
Ⅰ	$A \sim TP_1$	2.036	1.118	0.918		27.354	
Ⅱ	$TP_1 \sim TP_2$	0.869	1.187		0.318		
Ⅲ	$TP_2 \sim TP_3$	1.495	1.078	0.417			
Ⅳ	$TP_3 \sim B$	1.256	1.831		0.575	27.796	
检　核		$\sum$5.656 −5.214 +0.442	5.214	$\sum$1.335 −0.893 +0.442	$\sum$ −0.893	27.849 −27.354 +0.442	

3. **视距测量**

瞄准标尺,用视距上丝和视距下丝读出标尺上的读数,读数记录一般均不加小数点,读记四位数,以毫米为单位。两读数之差乘以常数100就得到仪器中心到标尺间的距离。

黑面读数　　1274 mm　见附图4-5(a)

红面读数　　5958 mm　见附图4-5(b)

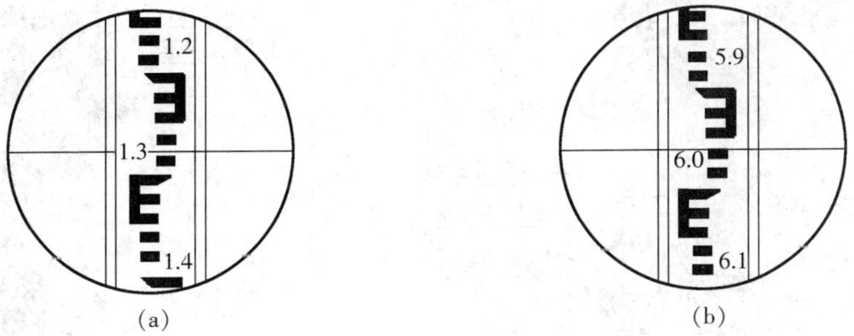

附图4-5　标尺读数

附录 5　DJ6 光学经纬仪使用简介

DJ6 光学经纬仪外观图如附图 5 - 1 所示。

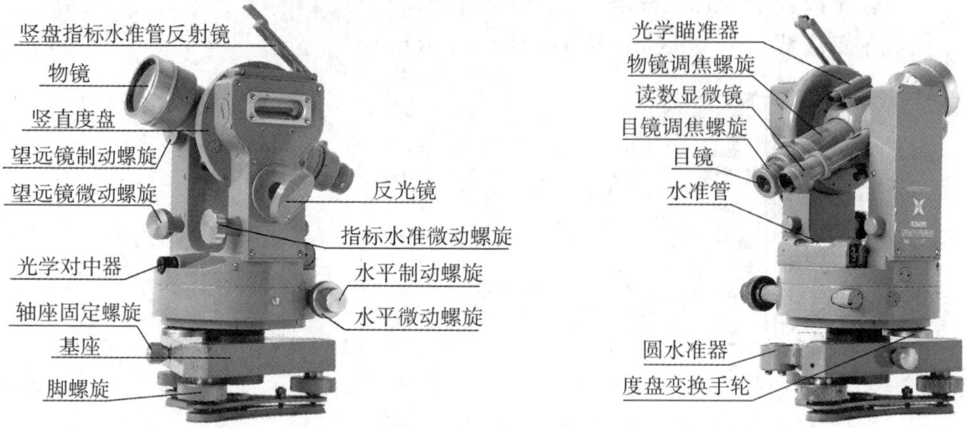

附图 5 - 1　DJ6 光学经纬仪

DJ6 光学经纬仪一般由基座、水平度盘、照准部三部组成。如附图 5 - 2。

1. 经纬仪的安置

(1)松开三脚架,将其安置于测站上。三脚架张角要适宜,架面尽量水平,高度大约在胸口附近,架头中心尽量垂直于测点。

(2)打开仪器箱,双手握住仪器支架,将仪器从箱中取出,小心置于架上。一手紧握仪器支架,一手拧紧连接螺旋。

2. 经纬仪的使用

(1)对中

调整对中器对光螺旋,看清测站点,依次移动三脚架的其中两个脚,使对中器中的十字丝对准测站点,踩紧三脚架。

(2)整平

① 圆水准气泡整平

通常采用左手法调节三脚架高度使圆水准气泡居中,即用左手旋转脚螺旋时,左手大拇指指的方向为气泡运动方向。

② 长水准气泡整平

首先旋转照准部,使水准管平行于任意一对脚螺旋中心连线,同时相对旋转这对脚螺旋,使水准管气泡居中;使照准部绕竖轴旋转 90°,再旋转第三只脚螺旋,使气泡居中。按上述程序反复操作几次,检查气

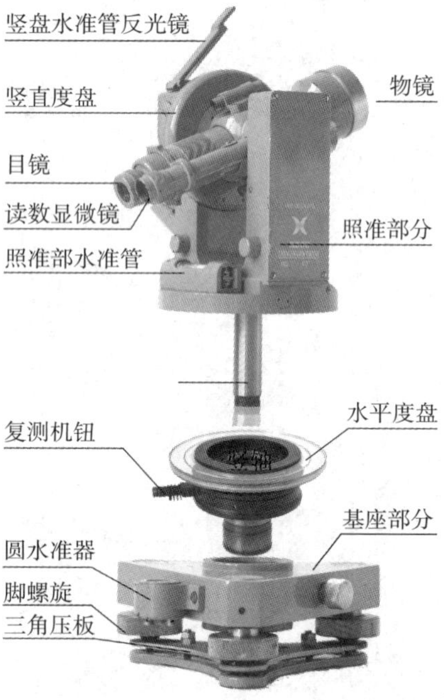

附图 5 - 2　DJ6 光学经纬仪的构造

泡误差，直到小于分划线的一格为止。

(3)瞄准

松开垂直制动手把，用望远镜上粗瞄准器瞄准目标，从望远镜中看到目标，旋转望远镜和照准部的制动螺旋，转动目镜螺旋，使十字丝清晰。再转动物镜对光螺旋，使目标影像清晰。眼睛作上下移动，目标与望远镜分划板的十字线无任何相对位移，即无视差存在，表示已经调焦好了。转动望远镜和照准部的微动螺旋，使目标被单根竖丝平分，或将目标夹在两根竖丝中央。此时，可进行垂直角或水平角测量。

(4)读数

打开反光镜，调节反光镜使读数窗亮度适当，旋转读数显微镜的目镜，看清读数窗分划，视场上方标有"H"(或"水平")符号的表示水平度盘读数；视场下方标有"V"或"竖直"符号的表示垂直度盘读数。根据使用的仪器用分微尺或测微尺读数。如附图 5-3 所示。

水平度盘读数　　117°01′54″

竖盘读数　　90°36′12″

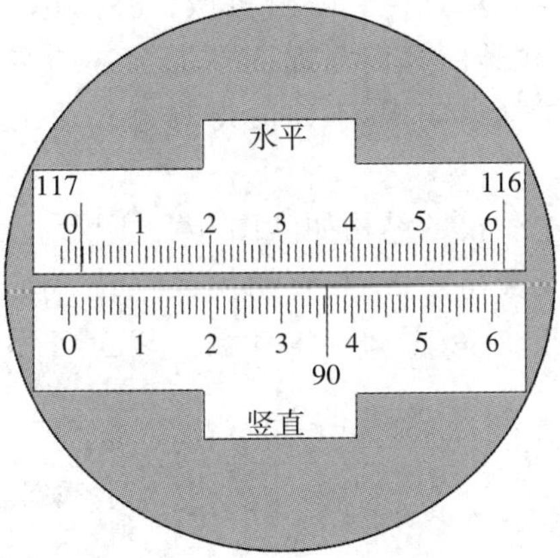

附图 5-3　DJ6 光学经纬仪读数窗

附录6　全站仪使用简介

1. 概述

全站型电子速测仪简称全站仪。它除了能自动完成测距、测角、计算坐标和高程外，还能通过通讯设备与PC机进行连接，实现观测、记录、计算数据处理和成图等过程的自动化。它是由机械、光学、电子元件组合而成的测量仪器。由于只需一次安置，仪器便可以完成测站上全部的测量工作，故称为“全站仪”。全站仪与计算机之间的通讯实现，不仅使得测量外业工作高效化，而且可以实现测量外业的高度自动化。

全站仪的结构如附图6-1所示。图中上半部分包含有测量的四大光电系统，即水平角测量系统、竖直角测量系统、水平补偿系统和测距系统。通过键盘可以输入操作指令、数据和设置参数。以上各系统通过I/O接口接入总线与微处理机联系起来。

附图6-1　全站仪

微处理机是全站仪的核心部件，主要有寄存器系列（缓冲寄存器、数据寄存器、指令寄存器）、运算器和控制器组成。微处理机的主要功能是根据键盘指令启动仪器进行测量工作，执行测量过程中的检核和数据传输、处理、显示、储存等工作，保证整个光电测量工作有条不紊地进行。输入输出设备是与外部设备连接的装置（接口），输入输出设备使全站仪能与磁卡和微机等设备交互通讯、传输数据。

电子全站仪已广泛应用于控制测量、碎步测量、施工放样、变形检测等多种测量作业中。国内外测绘仪器生产厂商很多，虽说有多种型号的全站仪在实际应用中，但究其功能与原理则是大同小异。

电磁波测距按测程来分，有短程（<3km）、中程（3—15km）和远程（>15km）之分。按测距精度来分，有Ⅰ级（5mm）、Ⅱ级（5mm—10mm）和Ⅲ级（>10mm）。按载波来分，采用微波段的电磁波作为载波的称为微波测距仪；采用光波作为载波的称为光电测距仪。光电测距仪所使用的光源有激光光源和红外光源（普通光源已淘汰），采用红外线波段作为载波的称为红外测距仪。由于红外测距仪是以砷化镓

(GaAs)发光二极管所发的荧光作为载波源，发出的红外线的强度能随注入电信号的强度而变化，因此它兼有载波源和调制器的双重功能。GaAs 发光二极管体积小，亮度高，功耗小，寿命长，且能连续发光，所以红外测距仪获得了更为迅速的发展。

2. 全站仪的测量功能与原理

欲测定 A、B 两点间的距离 D，安置仪器于 A 点，安置反射镜于 B 点，如附图 6－2。仪器发射的光束由 A 至 B，经反射镜反射后又返回到仪器。设光速 c 为已知，如果光束在待测距离 D 上往返传播的时间 t_{2D} 已知，则距离 D 可由下式求出：

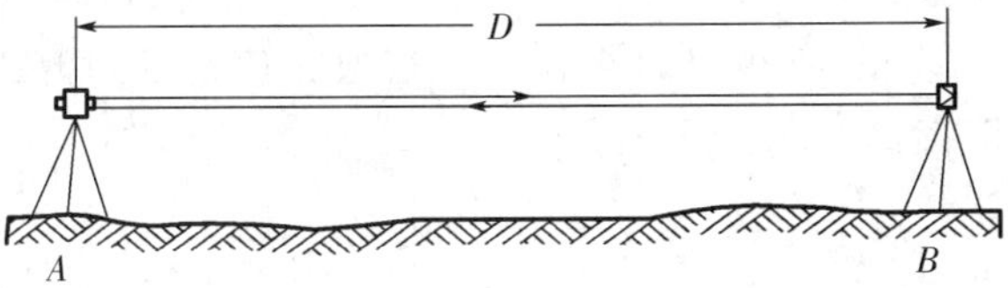

附图 6－2　光电测距示意图

$$D=\frac{1}{2}ct_{2D}$$

式中 $c=c_{\circ}/n$，$c_{\circ}$ 为真空中的光速值，其值为 299792458m/s。

n 为大气折射率，它与测距仪所用光源的波长，测线上的气温 t，气压 P 和湿度 e 有关。

测定距离的精度，主要取决于测定时间 t_{2D} 的精度，例如要求保证 ±1cm 的测距精度，时间测定要求准确到 6.7×10^{-11}s，这是难以做到的。因此，大多采用间接测定法来测定 t_{2D}。间接测定 t_{2D} 的方法有下列两种：

(1)脉冲式测距

由测距仪的发射系统发出光脉冲，经被测目标反射后，再由测距仪的接收系统接收，测出这一光脉冲往返所需时间间隔的钟脉冲的个数以求得距离 D。由于计数器的频率一般为 300MHz(300×10^{6}Hz)，测距精度为 0.5m，精度较低。

(2)相位式测距

由测距仪的发射系统发出一种连续的调制光波，测出该调制光波在测线上往返传播所产生的相位移，以测定距离 D。红外光电测距仪一般都采用相位测距法。

在砷化镓(GaAs)发光二极管上加了频率为 f 的交变电压(即注入交变电流)后，它发出的光强就随注入的交变电流呈正弦变化，这种光称为调制光。测距仪在 A 点发出的调制光在待测距离上传播，经反射镜反射后被接收器所接收，然后用相位计将发射信号与接受信号进行相位比较，由显示器显出调制光在待测距离往、返传播所引起的相位移 φ。

3. 全站仪的基本操作

不同型号的全站仪，其具体操作方法会有较大的差异。下面简要介绍全站仪的几种常见的基本操作。

(1)水平角测量

① 按角度测量键，使全站仪处于角度测量模式，照准第一个目标 A。

② 设置A方向的水平度盘读数为0°00′00″。

③ 照准第二个目标B,此时显示的水平度盘读数即为两方向间的水平夹角。

(2)距离测量

① 设置棱镜常数

测距前须将棱镜常数输入仪器中,仪器会自动对所测距离进行改正。

② 设置大气改正值或气温、气压值

光在大气中的传播速度会随大气的温度和气压而变化,15℃和760mmHg是仪器设置的一个标准值,此时的大气改正为0ppm。实测时,可输入温度和气压值,全站仪会自动计算大气改正值(也可直接输入大气改正值),并对测距结果进行改正。

③ 量仪器高、棱镜高并输入全站仪

(略)

④ 距离测量

照准目标棱镜中心,按测距键,距离测量开始,测距完成时显示斜距、平距、高差。

全站仪的测距模式有精测模式、跟踪模式、粗测模式3种。精测模式是最常用的测距模式,测量时间约2.5秒,最小显示单位1mm;跟踪模式,常用于跟踪移动目标或放样时连续测距,最小显示一般为1cm,每次测距时间约0.3秒;粗测模式,测量时间约0.7秒,最小显示单位1cm或1mm。在距离测量或坐标测量时,可按测距模式(MODE)键选择不同的测距模式。

应注意,有些型号的全站仪在距离测量时不能设定仪器高和棱镜高,显示的高差值是全站仪横轴中心与棱镜中心的高差。

(3)坐标测量

① 设定测站点的三维坐标。

② 设定后视点的坐标或设定后视方向的水平度盘读数为其方位角。当设定后视点的坐标时,全站仪会自动计算后视方向的方位角,并设定后视方向的水平度盘读数为其方位角。

③ 设置棱镜常数。

④ 设置大气改正值或气温、气压值。

⑤ 量仪器高、棱镜高并输入全站仪。

⑥ 照准目标棱镜,按坐标测量键,全站仪开始测距并计算显示测点的三维坐标。

4. 电子全站仪的使用

下面介绍观测前的准备工作以及几种常用的测量模式(角度测量、距离测量和坐标测量)。

本节以南方NTS—660为例,介绍全站仪基本测量工作的操作方法。附图6-3、附图6-4所示为NTS—660全站仪的外形及外部构件名称。

NTS—660全站仪是一种电脑型电子全站仪,该系列全站仪按测角精度分为2秒、3秒、5秒三个型号。角度最小显示可在1秒和5秒两者之间选择,测距精度为2+2ppm,距离最小显示为1mm。该仪器具有下列特点:

① 菜单图形显示:NTS—660全站仪采用图标菜单,智能化程度高,功能强大,操作方便,并可为用户量身订制测量程序,满足各种专业测量和工程测量的需求。

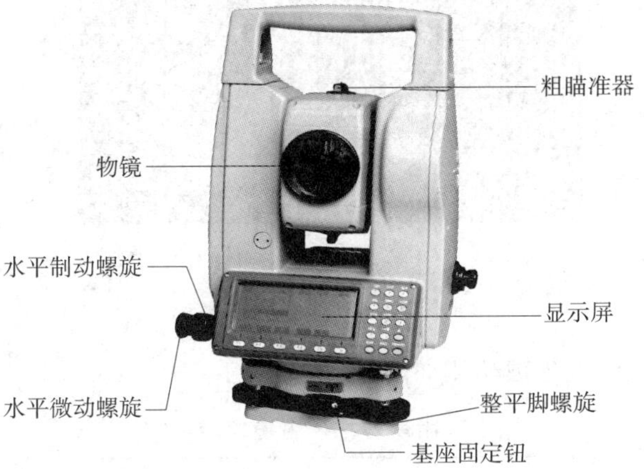

附图 6－3　NTS－660 全站仪外形(A)

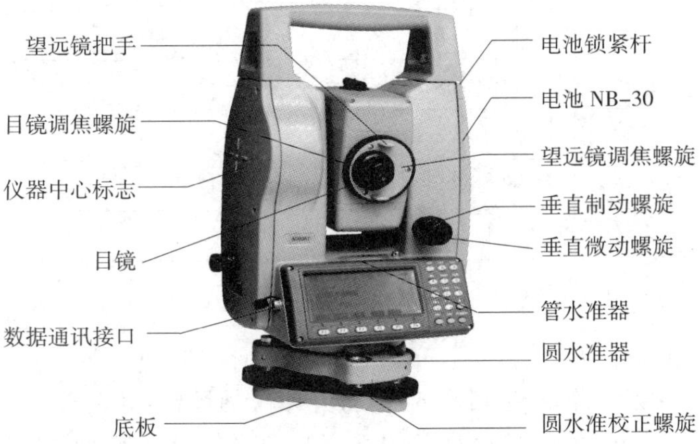

附图 6－4　NTS－660 全站仪外形(B)

② 绝对数码度盘：预装绝对数码度盘，仪器开机即可直接进行测量。即使中途重置电源，方位角信息也不会丢失。

③ 强大的内存管理：选用 16M 内存，可存储测量数据或坐标数据多达 4 万个，并可以方便地进行内存管理，对数据进行增加、删除、修改、传输。

④ 望远镜镜头更轻巧：新一代 NTS－660 全站仪在原有的基础上，对外观及内部结构进行了更加科学合理的设计，望远镜镜头更加小巧，方便测量。

⑤ 仪器倾斜图形显示：此新型全站仪增加了仪器倾斜的图形显示，用户可根据显示屏上电子气泡的走向来整平仪器，直观、方便、快捷。

⑥ 预装标准测量程序：除具备常用的基本测量模式(角度测量、距离测量、坐标测量)和特殊测量程序(悬高测量、偏心测量、对边测量、距离放样、坐标放样、后方交会)之外，还预装了标准测量程序，为控制测量、地形测量、工程放样提供了极大方便。

⑦ 简体中文显示：NTS－660 全站仪(中文版)采用 8 行简体中文显示，字体清晰、美观，为仪器操作带来方便。

附图 6－5 所示为 NTS－660 全站仪显示屏和键盘。

附图 6-5　显示屏和键盘

键盘共有 21 个键，各键功能如附表 6-1 所示。

附表 6-1　各键功能

按键	名称	功能
F1～F6	软键	功能参见所显示的信息
0～9	数字键	输入数字，用于欲置数值
A～/	字母键	输入字母
ESC	退出键	退回到前一个显示屏或前一个模式
★	星键	用于仪器若干常用功能的操作
ENT	回车键	数据输入结束并认可时按此键
POWER	电源键	控制电源的开/关

(1)观测前的准备工作

① 仪器开箱和存放

开箱：轻轻地放下箱子，让其盖朝上，打开箱子的锁栓，开箱盖，取出仪器。

存放：盖好望远镜镜盖，使照准部的垂直制动手轮和基座的水准器朝上，将仪器平卧（望远镜物镜端朝下）放入箱中，轻轻旋紧垂直制动手轮，盖好箱盖，并关上锁栓。

② 安置仪器

将仪器安装在三脚架上，精确整平和对中，以保证测量成果的精度（应使用专用的中心连接螺旋的三脚架）

a. 架设三脚架

首先将三脚架打开，使三脚架的三条腿近似等距，并使顶面近似水平，拧紧三个固定螺旋。

使三脚架的中心与测点近似位于同一铅垂线上。

踏紧三脚架使之牢固地支撑于地面上。

b. 将仪器安置到三脚架上

将仪器小心地安置到三脚架顶面上，用一只手握住仪器，另一只手松开中心连接螺旋，在架头上轻移仪器，直到垂球对准测站点标志的中心，然后轻轻拧紧连接螺旋。

c. 利用圆水准器粗平仪器

旋转两个脚螺旋 A、B，使圆水准器气泡移到与上述两个脚螺旋中心连线相垂直的直线上。旋转脚螺旋 C,使圆水准气泡居中。如附图 6 - 6 所示。

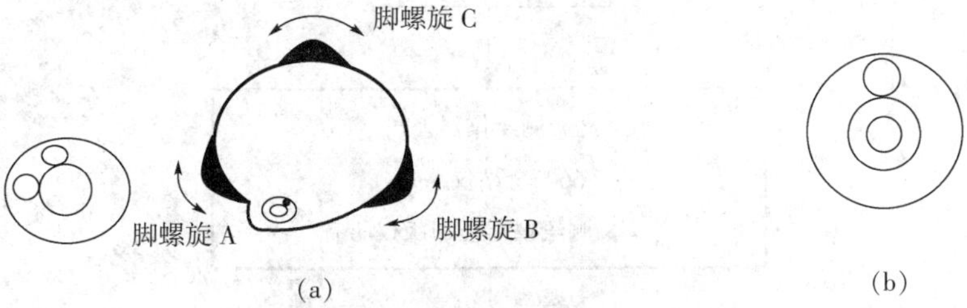

附图 6 - 6　圆水准器粗平

d. 利用管水准器精平仪器

松开水平制动螺旋,转动仪器使管水准器平行于某一对脚螺旋 A、B 的连线,再旋转脚螺旋 A、B,使管水准器气泡居中。将仪器绕竖轴旋转 90°,再旋转另一个脚螺旋 C ,使管水准器气泡居中。如附图 6 - 7 所示。

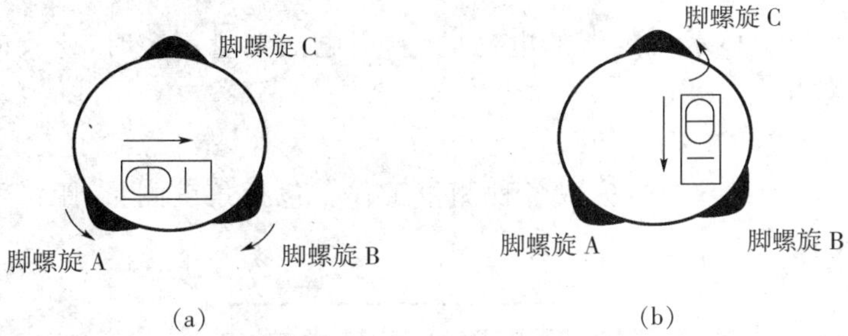

附图 6 - 7　管水准器精平

再次旋转仪器 90°,重复以上两个步骤,直到四个位置上气泡居中为止。

e. 利用光学对中器对中

根据观测者的视力调节光学对中器望远镜的目镜,松开中心连接螺旋、轻移仪器,将光学对中器的中心标志对准测站,然后拧紧连接螺旋。在轻移仪器时不要让仪器在架头上有转动,以尽可能减少气泡的偏移。

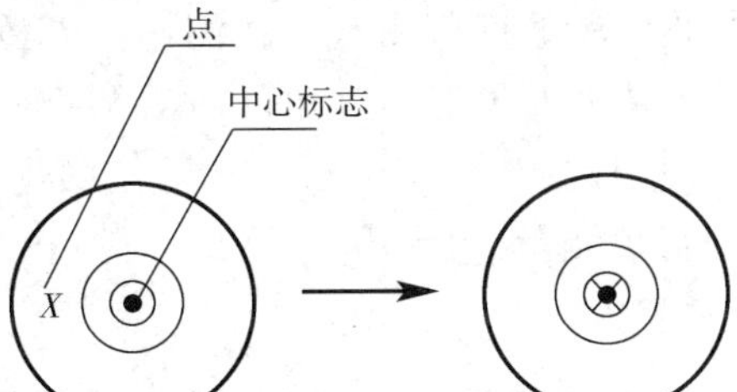

附图 6 - 8　光学对中

f. 最后精平仪器

按第 4 步精确整平仪器,直到仪器旋转到任何位置时,管水准器气泡始终居中为止。

③ 开电源准备观测

其屏幕显示如附图 6 - 9 所示。

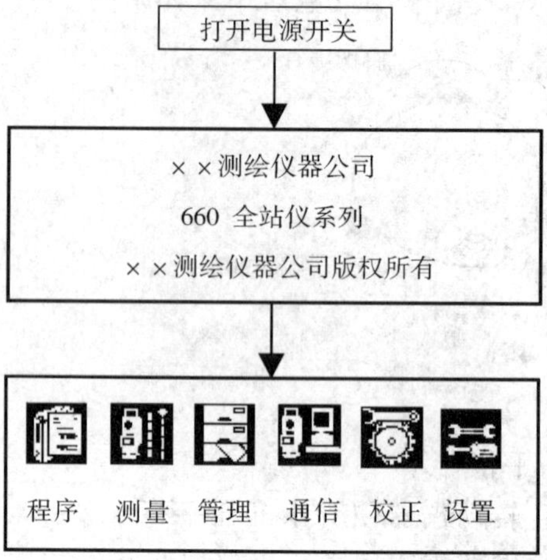

附图 6-9 主菜单图标

确认显示窗中显示有足够的电池电量，当电池电量不多时，应及时更换电池或对电池进行充电。

(2)测量模式

NTS—660 全站仪可以完成各种测量工作。包括角度测量、距离测量和坐标测量。如图 6-10 所示。

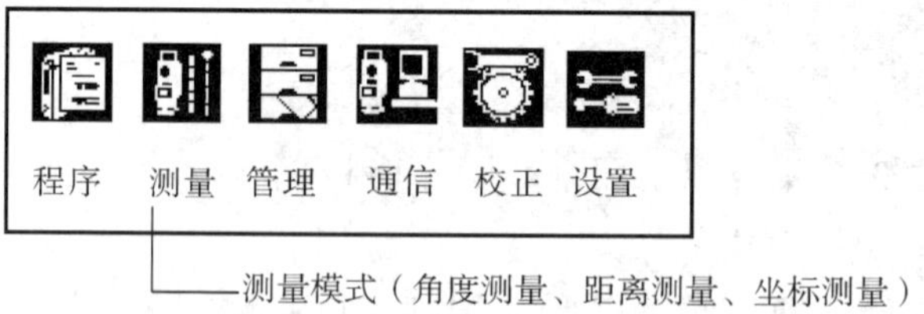

附图 6-10 测量模式示意图

①角度测量

在测量模式下进行水平角和垂直角测量。在测站上安置全站仪后，用水平制微动螺旋以纵丝瞄准目标。如果水平角与垂直角同时观测，则还应利用垂直制微动螺旋，以使十字丝中心瞄准觇牌中心。

a. 水平角(右角)和垂直角测量

如附表 6-2 所示。

附表 6-2 水平角(右角)和垂直角测量的操作

操作步骤	按键	显示
照准第一个目标 *A*。		【角度测量】 V: 87° 56′ 09″ HR: 130° 44′ 38″ 斜距 平距 坐标 置零 锁定 P1↓

（续表）

操作步骤	按键	显示
设置目标 A 的水平角读数为 0°00′00″。按[F4]（置零）键和[F6]（设置）键。	[F4] [F6]	【水平度盘置零】 HR：0° 00′ 00″ 退出 设置 【角度测量】 V：87° 56′ 09″ HR：0° 00′ 00″ 斜距 平距 坐标 置零 锁定 P1↓
照准第二个目标 *B*。仪器显示目标 *B* 的水平角和垂直角。		【角度测量】 V：57° 16′ 09″ HR：120° 44′ 00″ 斜距 平距 坐标 置零 锁定 P1↓

b. 水平角测量模式(右角/左角)转换

见附表 6－3。

附表 6－3　水平角测量模式(右角/左角)转换的操作

操作步骤	按键	显示
按[F6]（P1↓）键，进入第 2 页显示功能。	[F6]	【角度测量】 V：87° 56′ 09″ HR：120° 44′ 38″ 斜距 平距 坐标 置零 锁定 P1↓ 记录 置盘 R/L 坡度 补偿 P2↓
按[F3]键，水平角测量右角模式转换成左角模式。	[F3]	【角度测量】 V：87° 56′ 09″ HR：239° 15′ 22″ 记录 置盘 R/L 坡度 补偿 P2↓
类似右角观测方法进行左角观测。		

［注］ ①每按一次[F3](R/L)键，右角/左角便依次切换；②右角/左角转换开关可以关闭。

c. 水平度盘读数的设置

利用锁定水平角法设置见附表 6－4。

附表 6-4 锁定水平角法设置的操作

操作步骤	按键	显示
利用水平微动螺旋设置水平度盘读数。	显示角度	【角度测量】 V： 87° 56′ 09″ HR：120° 44′ 38″ 斜距 平距 坐标 置零 锁定 P1↓
按[F5](锁定)键，启动水平度盘锁定功能。	[F5]	【角度测量】 HR：120° 44′ 38″ 退出 解除
照准用于定向的目标点。[注]	照准	
按[F6](解除)键，取消水平度盘锁定功能。 显示返回到正常的角度测量模式。	[F6]	【角度测量】 V： 107° 56′ 09″ HR：120° 44′ 38″ 斜距 平距 坐标 置零 锁定 P1↓

[注] 要返回到先前模式，可按[F1](退出)键。

利用数字键设置见附表 6-5。

附表 6-5 数字键设置的操作

操作步骤	按键	显示
照准用于定向的目标点。	照准	【角度测量】 V： 87° 56′ 09″ HR： 0° 44′ 38″ 斜距 平距 坐标 置零 锁定 P1↓ 记录 置盘 R/L 坡度 补偿 P2↓
按[F6](P1↓)键，进入第 2 页功能，再按[F2](置盘)键。 输入所需的水平度盘读数。[注 1] 例如：120°20′30″	[F6] [F2] 输入 角度值	【角度测量】 HR：120.2030 退出 左移

（续表）

操作步骤	按键	显示
按[ENT]键。[注 2] 至此，即可进行定向后的正常角度测量。	[ENT]	【角度测量】 V：　87°　56′　09″ HR：120°　20′　30″ 斜距　平距　坐标　置零　锁定　P1↓

[注 1]　若输入有误，可按[F6]（左移）键移动光标，或按[F1]（退出）键重新输入正确值。

[注 2]　若输入错误数值（例如 70′），则设置失败，须从第三步起重新输入。

②距离测量

在进行距离测量时，要预先进行测距参数设置、气象改正比例系数设置、回光信号检验，然后开始测距。

a. 大气改正的设置

光在空气中传播的速度并非常数，而是随大气的温度和压力而改变。本仪器一旦设置了大气改正值即可自动对观测结果实施大气改正。当温度为 20℃/68 ℉，气压值为 1013.25hPa/760mmHg/29.9inchHg 。即使仪器关机，大气改正值仍被保存。在星（★）键模式下可以设置大气改正值。

大气改正的计算如表 6－6 所示，其方式如下：（计算单位：m）

$$PPM = 273.8 - \frac{0.2900 \times 气压值(hPa)}{1 + 0.00366 \times 温度值(℃)}$$

若使用的气压单位是 mmHg 时，按：

1hPa ＝0.75mmHg 进行换算。

不顾及大气改正时，请将 PPM 值设为零。

NTS 系列全站仪标准气象条件（即仪器气象改正值为 0 时的气象条件）：

气压：1013 hPa

温度：20℃

附表 6－6　大气改正计算的操作

操作步骤	按键	显示
按星（★）键。	[★]	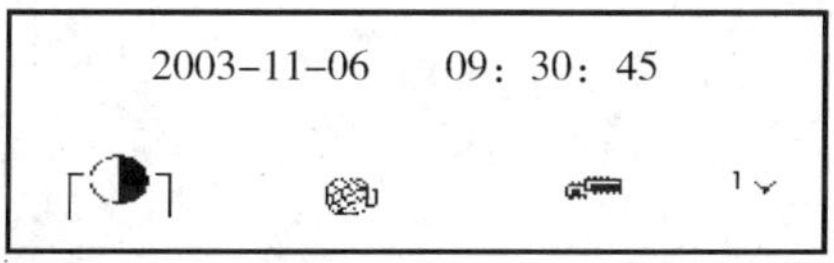

（续表）

操作步骤	按键	显示
按[F5]键进入该菜单的第2页。	[F5]	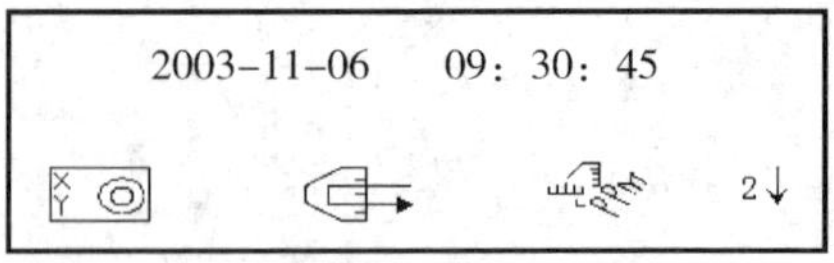
按[F4]键，显示现有设置值。	[F4]	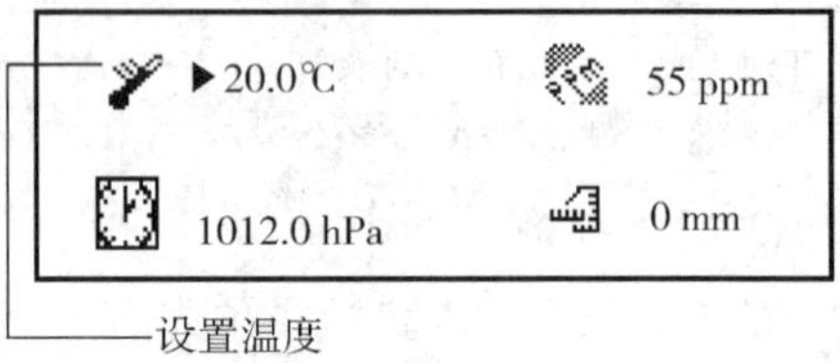
输入温度，按[ENT]键。 [举例]：温度：+26℃ 光标自动移到气压位置	输入 温度值 [ENT]	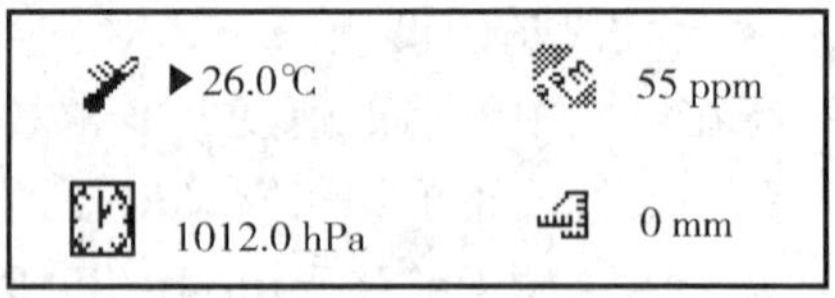
输入气压，按[ENT]键。 [举例]：气压：1020 hPa 显示返回到先前模式。[注1][注2]	输入 气压值 [ENT]	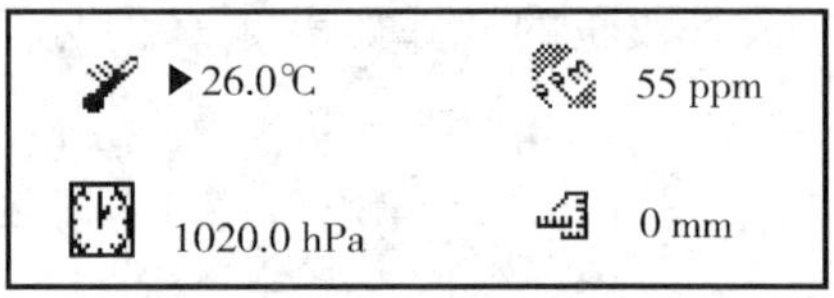

[注1] 数据范围：温度：−30～+60℃（步长0.1℃）或−22～+140 ℉（步长1 ℉）

气压：420～800 mm Hg（步长1 mm Hg）或560～1066 hPa（步长0.1hPa）

16.5～31.5 inchHg（步长0.1 inchHg）

大气改正数PPM：−100～+100 PPM（步长1PPM）

棱镜常数PC：−100～+100 mm（步长1mm）

[注2] 仪器根据输入的温度和气压来计算大气改正值。

直接设置大气改正值的方法见附表6-7。

测定温度和气压，并由大气改正公式求得大气改正值(ppm)。

附表6-7 直接设置大气改正值的操作

操作步骤	按键	显示
按星(★)键。	[★]	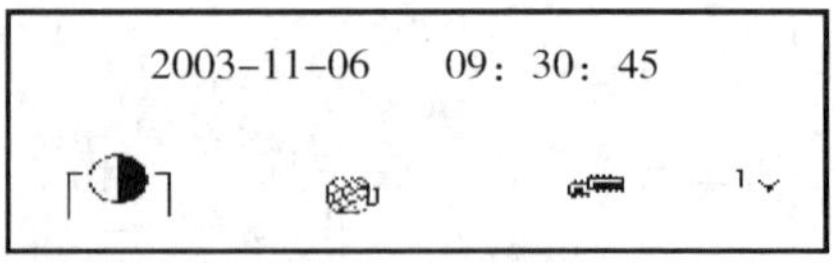

（续表）

操作步骤	按键	显示
按[F5]键进入该菜单的第 2 页。	[F5]	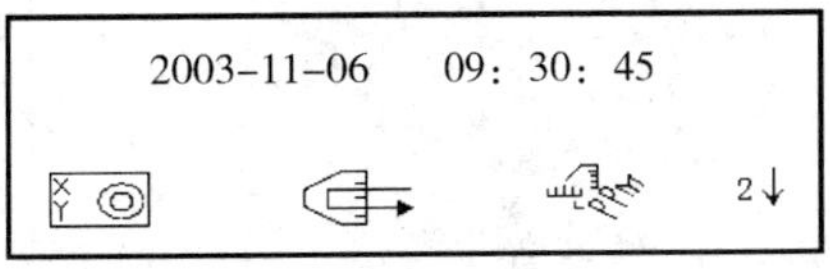
按[F4]键。显示现有设置值。	[F4]	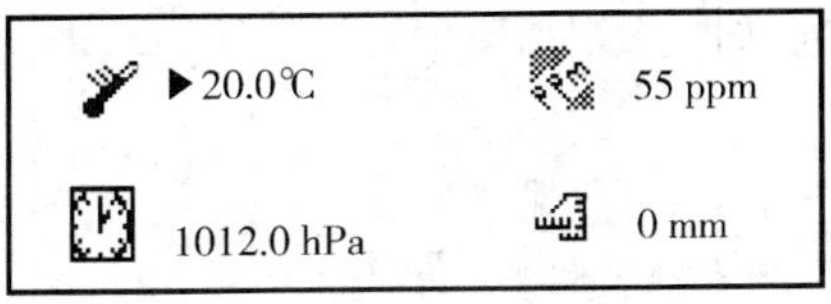
按[F5]（▶）键，将光标移 ppm 的位置。	移动光标	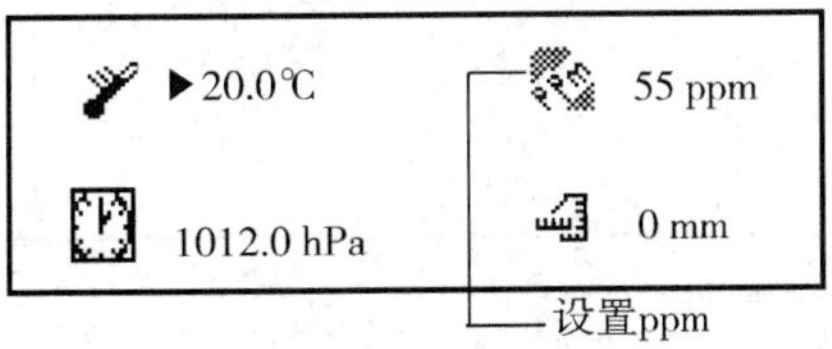
输入大气改正值，按[ENT]键。[注]显示返回到先前模式。	输入 ppm 值 [ENT]	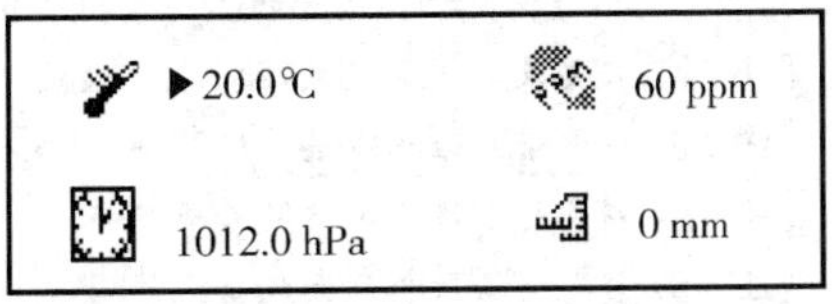

[注] 数据输入的范围：－100 ppm～ ＋100 ppm　步长 1ppm

b. 棱镜常数的设置

南方的棱镜常数为－30，因此棱镜常数应设置为－30。如果使用的是另外厂家的棱镜，则应预先设置相应的棱镜常数。

c. 距离测量（连续测量）

见附表 6－8。

距离测量与角度（水平角、垂直角）测量同时进行的，测量时，望远镜的十字丝中心应瞄准站牌中心（也就是棱镜中心），距离有两种显示方式（斜距、平距）。

附表 6－8　距离测量的操作

操作步骤	按键	显示
照准棱镜中心。	照准	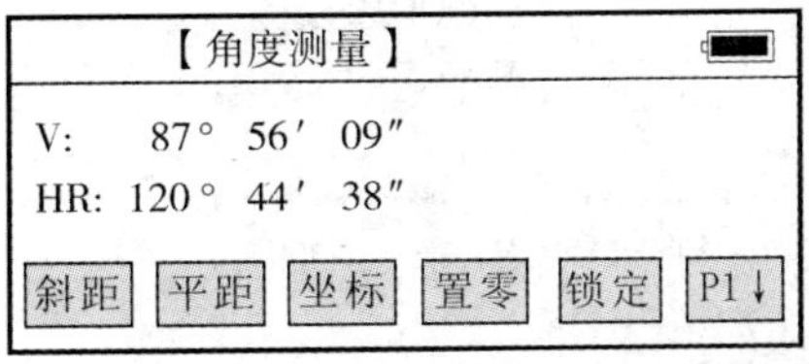

（续表）

操作步骤	按键	显示
按[F1](斜距)键或[F2](平距)键，并按[F2](模式)键，选择连续精测模式，[注 1][注 2] [示例]平距测量 显示测量结果[注 3]～[注 6]	[F2]	【平距测量】 V： 87° 56′ 09″ HR： 120° 44′ 38″ HD: < VD: PSM 30 PPM 0 (m) F.R 测量 模式 角度 斜距 坐标 P1↓ 【平距测量】 V： 87° 56′ 09″ HR： 120° 44′ 38″ HD： 796.097 VD： 4.001 PSM 30 PPM 0 (m) F.R 测量 模式 角度 斜距 坐标 P1↓

[注 1] 显示在窗口第 4 行右面的字母表示如下测量模式。
F:精测模式　　T:跟踪模式
R:连续(重复)测量模式　　S:单次测量模式　　N:N 次测量模式

[注 2] 若要改变测量模式，按[F2](模式)键，每按下一次，测量模式就改变一次。

[注 3] 当电子测距正在进行时，"＊"号就会出现在显示屏上。

[注 4] 测量结果显示时伴随着蜂鸣声。

[注 5] 若测量结果受到大气折光等因素影响，则自动进行重复观测。

[注 6] 返回角度测量模式，可按[F3](角度)键。

③坐标测量

NTS－660 全站仪除了能测定地面点之间的水平角、垂直角、斜距、平距、高差等直接观测值以及进行有关这些观测值的改正外，一般还设置一些简单的计算程序，能在测量现场实时计算出待定点的三维坐标(平面坐标以及高程)、平距、高差和方位角、或根据已知的设计坐标计算出放样数据。这些软件的实现的功能有：设置水平方向的方向角、导线测量、悬高测量、对边测量、角度复测、坐标放样、线高测量等。

a. 设置测站点坐标

见附图 6－11 和附表 6－9。设置好测站点(仪器位置)相对于原点的坐标后，仪器便可求出显示未知点(棱镜位置)的坐标。

附表 6－9　设置测站点的操作

操作步骤	按键	显示
按[F3](坐标)键。	[F3]	【角度测量】 V: 87° 56′ 09″ HR: 120° 44′ 38″ 斜距 平距 坐标 置零 锁定 P1↓

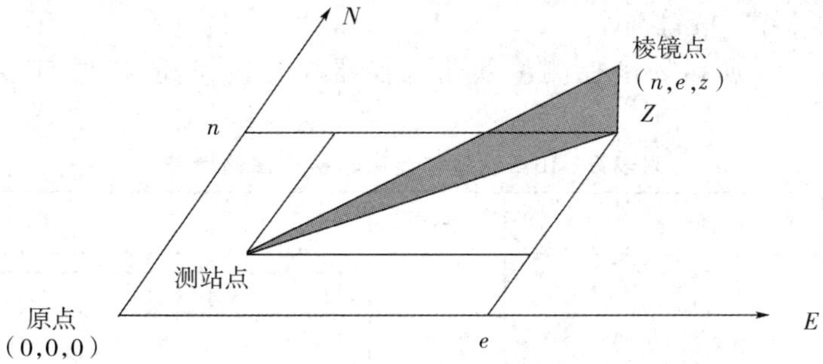

附图 6-11　设置测站点示意图

（续表）

操作步骤	按键	显示
按[F6](P1↓)键进入第 2 页功能。	[F6]	【角度测量】 N :　< E : Z :　PSM 30 PPM 0 (m) * F. R 测量 模式 角度 斜距 平距 P1↓ 记录 高程 均值 m/ft 设置 P2↓
按[F5](设置)键，显示以前的数据。	[F5]	【设置测站点】 N: 12345.670 m E: 12.436 m Z: 10.445 m 退出　左移
输入新的坐标值并按[ENT]键。[注]	输入 *N* 坐标 [ENT] 输入 *E* 坐标 [ENT] 输入 *Z* 坐标 [ENT]	【设置测站点】 N: 1000.00 m E: 1000.00 m Z: 1000.00 m 退出　左移
测量开始。		完成! 【角度测量】 N :　< E : Z :　PSM 30 PPM 0 (m) * F. R 记录 高程 均值 m/ft 设置 P2↓

[注]　按[F1](退出)键可取消设置。

b. 设置仪器高/棱镜高

如附表 6 - 10 所示。坐标测量须输入仪器高与棱镜高，以便直接测定未知点坐标。

附表 6 - 10　设置仪器高与棱镜高的操作

操作步骤	按键	显示
按[F3](坐标)键。	[F3]	【角度测量】 V: 87° 56′ 09″ HR: 120° 44′ 38″ 斜距 平距 坐标 置零 锁定 P1↓
在坐标观测模式下，按[F6](P1↓)键进入第 2 页功能。	[F6]	【角度测量】 N : < E : Z : PSM 30 PPM 0 (m) *F. R 测量 模式 角度 斜距 平距 P1↓ 记录 高程 均值 m/ft 设置 P2↓
按[F2](高程)键，显示以前的数据。	[F5]	【角度测量】 V : 107° 56′ 09″ HR: 120° 44′ 38″ 斜距 平距 坐标 置零 锁定 P1↓
输入仪器高，按[ENT]键。[注] 输入棱镜高，按[ENT]键。 显示返回到坐标测量模式。	仪器高 [ENT] 棱镜高 [ENT]	【高程设置】 仪器高: 1.630 m 棱镜高: 1.450 m 退出 左移 【角度测量】 N : < E : Z : PSM 30 PPM 0 (m) *F. R 记录 高程 均值 m/ft 设置 P2↓

[注] 按[F1](退出)键可取消设置。

c. 坐标测量的操作

如附表 6 - 11。在进行坐标测量时(如图 6 - 12)，通过输入测站坐标、仪器高和棱镜高，即可直接测定未知点的坐标。

未知点坐标的计算和显示过程如下：

测站点坐标：($N0$, $E0$, $Z0$)

仪器中心至棱镜中心的坐标差：(n,e,z)

未知点坐标：($N1,E1,Z1$)

$N1 = N0 + n$

$E1 = E0 + e$

$Z1 = Z0 +$ 仪器高 $+ z -$ 棱镜高

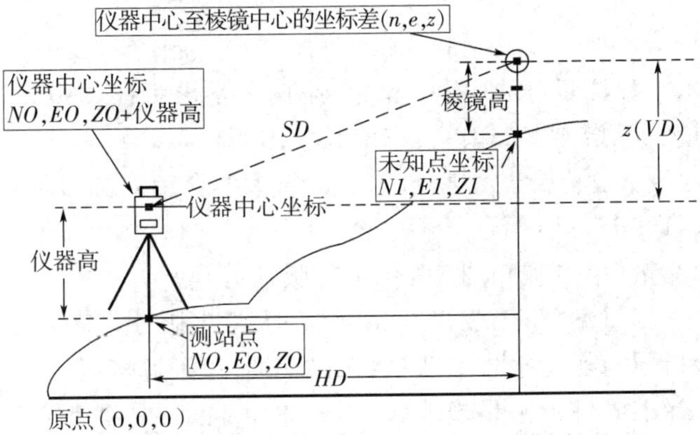

附图 6 - 12　坐标测量示意图

附表 6 - 11　坐标测量的操作

操作步骤	按键	显示
设置测站坐标和仪器高/棱镜高。[注] 设置已知点的方向角。 照准目标点。		【角度测量】 V:　87° 56′ 09″ HR: 120° 44′ 38″ 斜距 平距 坐标 置零 锁定 P1↓
按[F3](坐标)键。	[F3]	【角度测量】 N :　< E : Z :　PSM 30 PPM 0 (m) * F. R 记录 高程 均值 m/ft 设置 P2↓
显示测量结果。		【角度测量】 N :　14235.458 E : −12344.094 Z :　10.674　PSM 30 PPM 0 (m) * F. R 记录 高程 均值 m/ft 设置 P2↓

[注]　若未输入测站点坐标，则以缺省值(0,0,0)作为测站坐标。若未输入仪器高和棱镜高，则亦以 0 代替。

要返回正常角度或距离测量模式可按[F6](P2↓)键进入第 1 页功能，再按[F3](角度)，[F4](斜距)或[F5](平距)键。

参考文献

1. 胡伍生，潘庆林．土木工程测量(第3版)．南京:东南大学出版社，2007
2. 胡伍生，朱小华．测量实习指导书．南京:东南大学出版社，2004
3. 合肥工业大学，重庆建筑大学，天津大学，哈尔滨建筑大学合编．测量学(第四版)．北京:中国建筑工业出版社，1995
4. 卢正主编．建筑工程测量(第二版)．北京:化工出版社．2009
5. 顾孝烈，鲍峰，程效军．测量学(第三版)．上海:同济大学出版社，2006
6. 唐平英．测量学实验指导与实验报告．北京:人民交通出版社，2005
7. 中华人民共和国行业标准．城市测量规范(CJJ8－99)．北京:中国建筑工业出版社，1999
8. 中华人民共和国国家标准．工程测量规范(GB50026－2007)．北京:中国建筑工业出版社，2007
9. 中华人民共和国国家标准．国家基本比例尺地图图式第1部分:1∶500 1∶1000 1∶2000 地形图图式(GBT 20257.1 — 2007)．北京:中国标准出版社，2008
10. 1∶500，1∶1000，1∶2000 地形图图式符号配合示例及样图示例．北京:测绘出版社．1988
11. 马遇．测量放线工．北京:机械工业出版社，2006
12. 武汉测绘科技大学《测量学》编写组．测量学(第三版)．北京:测绘出版社，2000

《测量总实习报告书》
使用说明

《测量总实习报告书》(以下简称“报告书”)是评定个人实习成绩的重要依据。每位参加测量总实习的同学都必须认真完成报告书,实事求是地反映和记录本人在实习过程中担负的各项工作、任务。

在填写报告书之前,要认真阅读本书内容和如下相关要求,做到心中有数。

报告书中各类表格的数字、数据请用硬性铅笔(2H 或 3H)填写,其他文字用钢笔或黑色中性笔工整填写。

要保证报告书的完整性,不得在上面书写无关的内容,要做到卷面整洁、装订整齐,以免影响成绩评定。

一、填写要求

1. 前言部分——

主要说明实习目的、任务和要求,测区位置及选点情况,以及本实习小组人员具体分工情况等。

2. 记录表、计算表部分——

记录观测数据之前,请用钢笔或黑色中性笔将表格表头的仪器型号编号、日期、天气、测站、观测者及记录者姓名等,逐一填写齐全,不得遗漏。

记录观测数据时请用铅笔,要求字体端正、字迹清晰、数位对齐、数字齐全。字体的大小一般占格宽的 1/2～1/3,字脚靠近底线。

不得涂擦已记录的数据。如果观测数据出错,可用铅笔在错误的数字上画出细横线,并在原数字上方写出正确的数字。

禁止连续更改数字。例如:水准测量中的黑面或红面读数、角度测量中的盘左或盘右、距离丈量中的往测或返测等,均不能同时更改,否则必须重测重记。

碎部点测量记录表共有 4 张,要求实习小组人员之间轮换各项实习工作,轮流担任观测、记录等不同的测量任务。

3. 展点图、计算栏部分——

另用绘图白纸绘制坐标方格网，展绘导线点，并注明点号、高程、距离、角度以及起始边的坐标方位角。请将完成的展点图贴在此处。

计算栏主要用于数据计算。

4. 测量实习小结——

写出在实际测绘中出现的各种问题和解决方法，以及实习心得体会、意见和建议（不少于300字）。

二、其他要求

1. 填写完毕后，请沿剪切线逐页裁下；再按页码顺序整齐装订成册。

2. 将封底按剪切线裁下，粘贴在册面上

3. 必须按时完成《测量总实习报告书》。分班级收齐；交由实习指导教师评阅、打分；最后送测量实验室存档。

请沿此线整齐裁下

装订线

目　　录

装订线

请沿此线整齐裁下

请沿此线整齐裁下

装订线

前　　言

装订线

请沿此线整齐裁下

测量总实习报告书

请沿此线整齐裁下　装订线

水准仪的检验与校正记录表

日期＿＿＿＿＿＿天气＿＿＿＿＿＿班级＿＿＿＿＿＿小组＿＿＿＿＿＿

仪器型号＿＿＿＿＿＿检验者＿＿＿＿＿＿记录者＿＿＿＿＿＿

一、一般性检验结果

三脚架	
制动与微动螺旋	
微倾螺旋	
对光螺旋	
脚螺旋	
望远镜成像	
目镜调焦螺旋	

二、圆水准器轴平行于仪器竖轴的检验与校正

检验(旋转仪器 180°)次数	气泡偏离情况	处理结果

装订线　请沿此线整齐裁下

三、十字丝横丝应垂直于仪器竖轴的检验与校正

检验次数	偏离情况	处理结果

测量总实习报告书

四、视准轴应平行于水准管轴的检验与校正

仪器位置	项　目	第一次	第二次	第三次
在中点测高差	A 尺上读数 a_1 B 尺上读数 b_1 A、B 两点高差 $h_{AB}=a_1-b_1$			
在 B 点附近检校	B 点尺上读数 b_2 A 点尺上理论读数 $a_2=b_2+h_{AB}$ A 点尺上实际读数 a_2' 误差 $\triangle h=a_2'-a_2$ 两轴不平行误差 $i''=\triangle h\cdot\rho''/D_{AB}$			

请沿此线整齐裁下　装订线

经纬仪的检验与校正记录表

日期＿＿＿＿＿＿ 天气＿＿＿＿＿＿ 班级＿＿＿＿＿＿ 小组＿＿＿＿＿＿

仪器型号＿＿＿＿＿＿ 检验者＿＿＿＿＿＿ 记录者＿＿＿＿＿＿

一、一般性检验结果

三脚架	
水平制动与微动螺旋	
望远镜制动与微动螺旋	
照准部转动	
脚螺旋	
望远镜转动	
望远镜成像	
竖盘指标水准管微动螺旋	

二、照准部水准管的检验与校正

检验(旋转仪器 180°)次数	气泡偏离格数	处理结果

三、十字丝竖丝的检验与校正

检验次数	偏离情况	处理结果

装订线　请沿此线整齐裁下

测量总实习报告书

四、视准轴的检验与校正

检验次数	尺上读数		$\frac{B_2 - B_1}{4}$	正确读数 $B_3 = B_2 - (B_2 - B_1)/4$	视准轴误差 $C'' = \frac{(B_2 - B_1) \cdot \rho''}{4D}$
	盘左 B_1	盘右 B_2			

五、横轴的检验与校正

检验次数	P_1 P_2 距离	竖盘读数 ° ′ ″	竖直角 ° ′ ″	仪器到墙面的距离 D	横轴误差 $i'' = \frac{D_{P_1-P_2} \cdot \text{ctan}\alpha}{2D} \rho''$

六、竖盘指标差的检验与校正

检验次数	竖盘位置	竖盘读数 ° ′ ″	竖直角 ° ′ ″	指标差 ° ′ ″	盘右正确读数 ° ′ ″

请沿此线整齐裁下 装 订 线

全站仪的检验与校正记录表

日期______ 天气______ 班级______ 小组______

仪器型号______ 检验者______ 记录者______

一、一般性检验结果

三脚架	
水平制动与微动螺旋	
望远镜制动与微动螺旋	
照准部转动	
脚螺旋	
电池电量	
显示器状态	
棱镜及信号	

二、圆水准器轴的检验与校正

检验(旋转仪器180°)次数	气泡偏离情况	处理结果

三、水准器的检验与校正

检验(旋转仪器180°)次数	气泡偏离情况	处理结果

四、十字丝的检验与校正

检验次数	偏离情况	处理结果

装 订 线 请沿此线整齐裁下

五、视准轴的检验与校正

仪器位置	目标	盘位	水平度盘读数 °　′　″	2C＝左－（右±180°）	处理结果

六、光学对中器的检验与校正

对中器旋转180°投点	处理结果
B *A*　*C* *D*	

七、仪器加常数的检验

次数	仪器位置	棱镜位置	观测距离	计算*K*值 K＝D－（D_1＋D_2）	处理结果
1	A点	B点	D＝		
	C点	A点	D_1＝		
		B点	D_2＝		
2	A点	B点	D＝		
	C点	A点	D_1＝		
		B点	D_2＝		
3	A点	B点	D＝		
	C点	A点	D_1＝		
		B点	D_2＝		
4	A点	B点	D＝		
	C点	A点	D_1＝		
		B点	D_2＝		
5	A点	B点	D＝		
	C点	A点	D_1＝		
		B点	D_2＝		
K值平均值$\overline{K}$＝					

请沿此线整齐裁下

装订线

普通水准测量记录表

日期＿＿＿＿＿＿天气＿＿＿＿＿＿班级＿＿＿＿＿＿小组＿＿＿＿＿＿

仪器型号＿＿＿＿＿＿观测者＿＿＿＿＿＿记录者＿＿＿＿＿＿

测站	测点	后视读数 a	前视读数 b	高差 $h=a-b$		高程 H	备注
				+	−		
检核							

装订线

请沿此线整齐裁下

普通水准测量路线成果计算表

测点	距离 D (m)	测站数 n	实测高差 h (m)	改正数 v (m)	改正后高差 $h+v$ (m)	最后高程 H (m)
$\sum$						
辅助计算	$f_n=$ $f_{n允}=$ 每站改正数=					

请沿此线整齐裁下

装订线

测回法观测水平角记录表

日期＿＿＿＿＿＿ 天气＿＿＿＿＿＿ 班级＿＿＿＿＿＿ 小组＿＿＿＿＿＿

仪器型号＿＿＿＿＿＿ 观测者＿＿＿＿＿＿ 记录者＿＿＿＿＿＿

测站	目标	竖盘位置	水平度盘读数 ° ′ ″	半测回角值 ° ′ ″	一测回角值 ° ′ ″	备注
1	2	3	4	5	6	7
		左				
		右				
		左				
		右				
		左				
		右				
		左				
		右				
		左				
		右				

装订线

请沿此线整齐裁下

（续表）

1	2	3	4	5	6	7
		左				
		右				
		左				
		右				
		左				
		右				
		左				
		右				
		左				
		右				
		左				
		右				

距离丈量及磁方位角测量记录表

班级________ 组别________ 观测者________

记录者________ 日期________ 尺长________

测段	丈量	整尺段数 n	余长（m）	直线长度（m）	平均长度（m）	丈量精度 k	起始边方位角	备注
	往							
	返							
	往							
	返							
	往							
	返							
	往							
	返							
	往							
	返							
	往							
	返							
	往							
	返							
	往							
	返							
	往							
	返							
	往							
	返							
	往							
	返							
	往							
	返							
起始边磁方位角　12								

图根导线点坐标计算表

点号	观测角 ° ′ ″	角度改正数 ″	改正后角值 ° ′ ″	坐标方位角 ° ′ ″	边长 (m)	增量计算值		改正后增量		坐标值		点号
						Δx (m)	Δy (m)	Δx (m)	Δy (m)	x (m)	y (m)	
1	2	3	4=2+3	5	6	7	8	9	10	11	12	13
总和												
辅助计算：												

请沿此线整齐裁下 装订线

全站仪测量记录表

日期________ 天气________ 班级________ 小组________ 仪器型号________ 检验者________ 记录者________

仪器高________ 测站高程________ 棱镜Ⅰ高________ 棱镜Ⅱ高________

盘位	目标	水平角观测 水平盘读数 ° ′ ″	水平角观测 半测回角值 ° ′ ″	水平角观测 一测回角值 ° ′ ″	竖直角观测 竖盘读数 ° ′ ″	竖直角观测 半测回角值 ° ′ ″	竖直角观测 一测回角值 ° ′ ″	距离及高差测量 斜距 (m)	距离及高差测量 平距 (m)	距离及高差测量 高差 (m)	坐标测量 x (m)	坐标测量 y (m)
左	Ⅰ											
	Ⅱ											
右	Ⅰ											
	Ⅱ											
左	Ⅰ											
	Ⅱ											
右	Ⅰ											
	Ⅱ											
左	Ⅰ											
	Ⅱ											
右	Ⅰ											
	Ⅱ											
左	Ⅰ											
	Ⅱ											
右	Ⅰ											
	Ⅱ											

碎部点测量记录表(1)

班级________组别________仪器号________观测者________记录者________

测站名________测站高程________后视点名________仪器高________

测点	水平角值 °′″	读数 下丝 a 上丝 b	读数 中丝 v	视距间隔 $l=a-b$	竖盘读数 °′″	竖角 °′″	高差主值 h' (m)	改正数 $i-v$ (m)	高差 h (m)	高程 H (m)	水平距离 D

请沿此线整齐裁下

装订线

碎部点测量记录表(2)

班级________组别________仪器号________观测者________记录者________

测站名________测站高程________后视点名________仪器高________

测点	水平角值 °′″	读数 下丝 a 上丝 b	读数 中丝 v	视距间隔 $l=a-b$	竖盘读数 °′″	竖角 °′″	高差主值 h' (m)	改正数 $i-v$ (m)	高差 h (m)	高程 H (m)	水平距离 D

装订线

请沿此线整齐裁下

碎部点测量记录表(3)

班级________组别________仪器号________观测者________记录者________

测站名________测站高程________后视点名________仪器高________

测点	水平角值 °′″	读数 下丝 a 上丝 b	读数 中丝 v	视距间隔 $l=a-b$	竖盘读数 °′″	竖角 °′″	高差主值 h' (m)	改正数 $i-v$ (m)	高差 h (m)	高程 H (m)	水平距离 D

请沿此线整齐裁下

装订线

碎部点测量记录表(4)

班级________组别________仪器号________观测者________记录者________

测站名________测站高程________后视点名________仪器高________

测点	水平角值 °′″	读数 下丝 a 上丝 b	读数 中丝 v	视距间隔 $l=a-b$	竖盘读数 °′″	竖角 °′″	高差主值 h' (m)	改正数 $i-v$ (m)	高差 h (m)	高程 H (m)	水平距离 D

装订线

请沿此线整齐裁下

方格网绘制及导线点展点图

（请将个人绘制的方格网与导线点的展点图贴在此处）

请沿此线整齐裁下

装订线

计 算 栏

测设数据计算(双周、三周)
纵横断面绘制(单周)

装订线

请沿此线整齐裁下

测量实习小结

（请将实习小结附页贴在下面空栏内）

（可附纸书写）　　签名：　　　　年　　月　　日
教师批语（包括成绩）   签名：　　　　年　　月　　日